Mathematics for Electrical Engineering

만화로 쉽게 배우는 전기수학

저자 / 다나카 켄이치(田中 賢一)

BM (주)도서출판 **성안당**
日本 옴사 · 성안당 공동 출간

만화로 쉽게 배우는 전기수학

Original Japanese edition
Manga de Wakaru Denki Suugaku
By Kenichi Tanaka
Illustration by Mai Matsushita
Produced by Office sawa
Copyright © 2011 by Kenichi Tanaka, Mai Matsushita and Office sawa
Published by Ohmsha, Ltd.
This Korean Language edition co-published by Ohmsha, Ltd.
and Sung An Dang, Inc.
Copyright © 2012~2025
All rights reserved.

머리말

본서는 전기공학이나 전자공학 등을 공부할 때 꼭 필요한 수학적 지식을 만화를 사용하여 쉽게 설명했습니다. 전기회로 등의 예제를 풀면서 이해하기 어려운 수학적 내용의 이해를 돕는다는 취지로 집필하였습니다.

따라서 전기공학이나 전자공학을 공부하는 분은 물론, 일반 독자들도 비교적 이해하기 쉬운 내용으로 구성되어 있습니다. 하지만 전기공학이나 전자공학을 공부할 때, 학문체계가 수학적 지식으로 구성되어 있기 때문에 수학을 완전히 배제할 수는 없습니다.

실제로 전기회로나 전기자기 등을 공부할 때나 전기기초부터 공부할 때도 수학이 적잖이 나와서 모르고 있으면 공부하는 데 지장이 있을 것입니다. 그래서 최근에는 전기수학이라는 키워드를 사용한 서적도 많이 발간되고 있습니다.

그 의미에서는 본서도 중요한 역할을 담당하지만, 본서의 최대 특징은 만화를 통해 수학과 전기의 기초지식을 설명함과 동시에 전기회로 등의 연습문제의 사고방식을 회화형식으로 설명한 것입니다. 본서를 집필하는 데 쓸데없는 전개는 피하고, 실용적으로 이해할 수 있도록 했습니다. 그것이 기초부터 시작하려고 하는 독자에게는 더없이 좋을 것입니다.

본서를 다 읽은 후에는 더 깊은 내용의 참고서(대학생이라면 전기회로나 전기자기학, 공업계 고등학생이라면 전기이론이나 전자기술 등)를 읽고, 더욱더 높은 단계를 공부하기를 바랍니다.

본서를 제작하는 데 도와주신 ohm사 개발국 분들, 그림을 담당하신 마츠모토 마이씨, 제작을 담당하신 office sawa 직원분들과 성안당 출판사에 감사드리며, 독자분들에게도 감사드립니다. 본서를 통해 전기회로나 전자회로를 공부하는 데 도움이 된다면 저자로서 더 이상 바랄 것이 없겠습니다.

Kenichi Tanaka(田中 賢一)

차례

프롤로그 나는 조명이 싫어!   1

제1장 전기수학이란?   15

⚡ 1. 전기에 관한 기초지식   16
- 전기에 관한 용어   18
- 전기기호와 단위   18
- 전기회로의 기본   20
- 코일과 콘덴서   22
- 옴의 법칙   22
- 직렬과 병렬   23

⚡ 2. 교류란 무엇인가?   24
- 직류와 교류   24
- 관람차를 예로 들어보자   27
- 관람차와 sin 그래프   28
- 단위원(單位圓)과 sin의 그래프   30
- 사인곡선과 교류의 관계   32
- 교류의 주파수   33
- 교류의 최대치·실효치·순시치   35
- 교류를 sin의 식으로 나타내보자   36

⚡ 3. 전기수학에 필요한 수학   38
- 필요한 수학의 전체상   38
- 연립방정식   40
- 삼각함수   41
- 벡터와 위상   41
- 허수 i는 상상의 숫자   45
- 복소수의 기본   46
- 복소벡터를 그려보자   48
- 복소수와 벡터의 관계   50
- ~ 수의 분류, 실수란 무엇일까? ~   54

제2장 방정식·부등식으로 풀 수 있는 전기회로
〈1〉 직류회로 　　　　　　　　　　　　　　　　　55

⚡ **1. 문제를 풀기 위해 알아 두어야 할 사항** 　　　　56
- 키르히호프 제1법칙 　　　　　　　　　　　　58
- 전압강하란 무엇일까? 　　　　　　　　　　　60
- 키르히호프 제2법칙 　　　　　　　　　　　　62
- 키르히호프의 제1법칙은 합이 0인 법칙! 　　　66
- 키르히호프의 제2법칙은 합이 0인 법칙! 　　　67
- 합성저항 　　　　　　　　　　　　　　　　　70
- [문제] 직류전원과 저항을 각각 정리하시오! 　　72

⚡ **2. 연립방정식을 사용한 직류회로 문제** 　　　　　76
- 연립방정식과 행렬 　　　　　　　　　　　　76
- 행렬과 행렬식 　　　　　　　　　　　　　　78
- 행렬식이란 무엇인가? 　　　　　　　　　　　79
- 행렬에 따른 2원 연립방정식의 풀이방법 　　81
- 행렬에 따른 3원 연립방정식의 풀이방법 　　85
- 휘트스톤 브리지 회로 　　　　　　　　　　　88
- [문제] 폐루프를 보고 연립방정식을 만드시오! 　90
- 휘트스톤 브리지 회로의 평형조건 　　　　　94

⚡ **3. 부등식 문제** 　　　　　　　　　　　　　　　96
- 부등식의 성질 　　　　　　　　　　　　　　96
- [문제] 부등식에 주의해서 범위를 구하시오! 　98
- 1차 부등식 　　　　　　　　　　　　　　　100

제3장 삼각함수와 벡터 　　　　　　　　　　　　103

⚡ **1. 교류를 다루기 위한 기초지식** 　　　　　　　106
- 교류는 복잡하다? 　　　　　　　　　　　　106
- 위상을 나타내는 벡터 　　　　　　　　　　108
- 각도의 새로운 표시 방법 　　　　　　　　　110
- 호도법 　　　　　　　　　　　　　　　　　112
- ω는 각속도 또는 각주파수 　　　　　　　　114

⚡ 2. 교류에서 벡터의 사용방법 　　　　　　　　116
- 위상의 원인이란? 　　　　　　　　　　　　　116
- 코일의 특징 　　　　　　　　　　　　　　　118
- 콘덴서의 특징 　　　　　　　　　　　　　　121
- 저항의 특징 　　　　　　　　　　　　　　　123
- 교류에서의 소자 정리 　　　　　　　　　　　124
- 임피던스란 무엇인가? 　　　　　　　　　　　125
- 위상을 고려해서 벡터를 사용하자 　　　　　　126
- 가전제품에 꼭 필요한 것은? 　　　　　　　　130
- 역률 　　　　　　　　　　　　　　　　　　132
- 무효전력이 생기는 구조 　　　　　　　　　　137

~ 삼각비·삼각함수의 공식 ~ 　　　　　　　　　140

제4장 복소수 　　　　　　　　　　　　　　143

⚡ 1. 복소수의 성질 　　　　　　　　　　　　　146
- 허수는 아군! 　　　　　　　　　　　　　　146
- 허수의 곱셈 　　　　　　　　　　　　　　147
- 허수와 위상의 관계 　　　　　　　　　　　150
- 식에 대한 보충설명 　　　　　　　　　　　153
- 허수는 왜 생긴 걸까? 　　　　　　　　　　154

⚡ 2. 복소수로 나타낼 수 있는 중요한 식 　　　156
- 오일러의 공식 　　　　　　　　　　　　　156
- 교류의 식을 복소표시 해보자 　　　　　　　160
- 복소수의 여러 벡터 표시방법 　　　　　　　162
- 벡터 표시에 대한 보충설명 　　　　　　　　165
- 복소수의 계산방법 　　　　　　　　　　　169

⚡ 3. 복소수를 이용한 문제 　　　　　　　　172
- **문제** 복소수의 고마움을 느끼자! 　　　　　172
- 미적분방정식을 치환하자 　　　　　　　　175
- 어느새 미분·적분을 하고 있다!? 　　　　　178

4. 3상 교류회로　　　　　　　　　　　　　　　180
- 전선에 주목하자!　　　　　　　　　　　　180
- 단상 교류와 3상 교류　　　　　　　　　　181
- 3상 교류의 회로도　　　　　　　　　　　183
- 문제 전류 0을 증명해보자!　　　　　　　　186
- 참새는 왜 감전되지 않을까?　　　　　　　188

제5장 방정식·부등식으로 풀 수 있는 전기회로 〈2〉 교류회로　　　　　　　　　　　195

1. 2차 방정식, 2차 부등식의 풀이방법　　　　　198
- 2차 방정식과 2차 부등식　　　　　　　　198
- 근의 공식　　　　　　　　　　　　　　200
- 정식(整式)의 인수분해　　　　　　　　　202
- 연립부등식 풀이방법　　　　　　　　　　204
- 2차 부등식 풀이방법　　　　　　　　　　205

2. 라디오에 관한 전기수학 문제　　　　　　　206
- 동조란 무엇인가?　　　　　　　　　　　206
- 공진주파수　　　　　　　　　　　　　　209
- 문제 공진주파수를 구하시오!　　　　　　　212
- 증폭과 트랜지스터　　　　　　　　　　　214
- 등가회로　　　　　　　　　　　　　　　217
- 문제 가변 콘덴서의 범위를 구하시오!　　　　220

3. 역률에 관한 전기수학 문제　　　　　　　　224
- 역률을 개선하는 2가지 방법　　　　　　　224
- (1) 무효전력 제어　　　　　　　　　　　226
- (2) 인버터 제어　　　　　　　　　　　　231
- 문제 주파수의 범위를 구하시오!　　　　　　234
- 히트펌프　　　　　　　　　　　　　　　237

에필로그　　　　　　　　　　　　　　　　　242
관련 서적·참고문헌　　　　　　　　　　　　253
찾아보기　　　　　　　　　　　　　　　　　258

프롤로그

나는 조명이 싫어!

위융~

겨울, 어느 곳

윙~ 윙~ 윙~

지지직

……그리고…. 한기가 느껴지고…

도내에서는 기록적인 한파…가…

가능한 외출을… 금….주의하….

지지직 지지직 지지직 지지직 지지직

덜덜 부들 덜덜

…. 외출은 커녕

집안에서도 얼어 죽을 것 같다고…!

12/19

전기가 끊긴지 며칠이나 됐지?

달력을 넘길 힘조차 남아있지 않아…

전력회사에서 나왔습니다!
전기
GOGO'S
GOGO'S
저, 그러니까!
이례적으로 한파가 계속되고 있어서,
정부에서 전기요금을
미납하신 분들에게도 특별히
전기를 공급하도록 하셔서
집집마다 방문해서
알려드리고 있었습니다.
게걸 게걸
우걱 우물 우걱 우걱 우물 우걱
정말 죄송한데 저는 ○○전력의
한빛이라고 합니다.
저를 기억해주세요!
게걸 우물 우물 우물 게걸
명함 ↓
푹

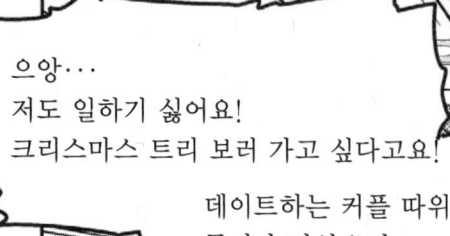

으앙...
저도 일하기 싫어요!
크리스마스 트리 보러 가고 싶다고요!
데이트하는 커플 따위
돌이나 맞았으면
좋겠어요!

그, 그래요...?

이 사람
나랑 정신연령이
비슷할 듯...

...,라고
생각은 하지만
괜찮아요!

전기는 여러분들의 생활과
밀접한 관계가 있는 존재이죠?

이 일로 여러분들이 쾌적하게
생활할 수 있다고 생각하니

봐요! 전기의 중요성은
진구씨도 이번에 직접
느끼셨을 거예요!

게다가 일을 할 수
있다는 훌륭함! 저는
전기를 사랑해요!

긍정적이군

전기...라...

?

엄청 뿌듯해요.

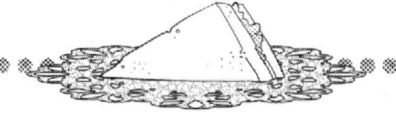

삼각함수

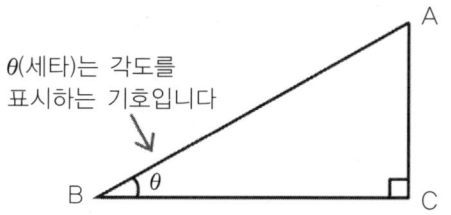

$\dfrac{AC}{AB} = \sin\theta$

$\dfrac{BC}{AB} = \cos\theta$

$\dfrac{AC}{BC} = \tan\theta$

θ(세타)는 각도를 표시하는 기호입니다

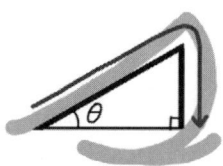

왼쪽 그림의 굵은 선으로 되어 있는 두변과 각도 θ의 관계는 $\sin\theta$로 표시합니다.
(필기체 「s」로 외웁시다)

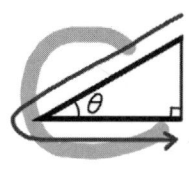

왼쪽 그림의 굵은 선으로 되어 있는 두변과 각도 θ의 관계는 $\cos\theta$로 표시합니다.
(필기체 「c」로 외웁시다)

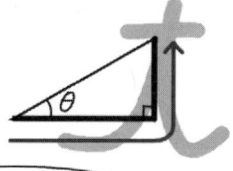

왼쪽 그림의 굵은 선으로 되어 있는 두변과 각도 θ의 관계는 $\tan\theta$로 표시합니다.
(필기체 「t」로 외웁시다)

전기는 기본적으로 **눈에 안 보이죠**?

하지만 예를 들면, 이 **삼각함수**를 사용하면 그런 '전기'를 생각하는 데 매우 편리합니다.

이게 전기수학의 시작입니다!

게다가 이 sin 등은 전기의 세계에서는 매우 중요한데, 그건 마치 카레라이스의 카레가루와 같은 존재입니다!

왜 그렇게 중요하냐면 전기의 흐름에는 직류와 교류라는 2종류가 있기 때문입니다.

※ 자세한 내용은 제1장에서 설명합니다.

으왁!
그렇게 한꺼번에 말씀하시면…!

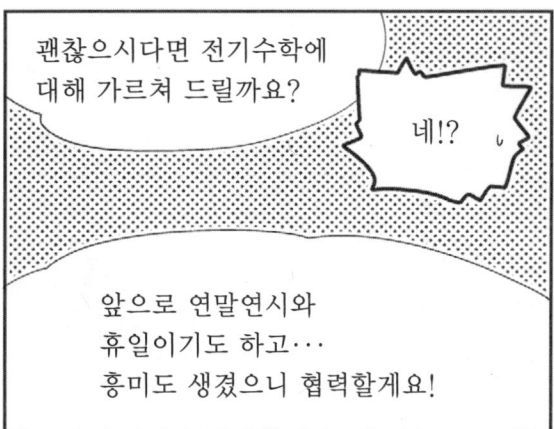

제1장

전기수학이란?

1. 전기에 관한 기초지식

● 전기에 관한 용어

전기의 흐름은 물의 흐름과 비교해 보면 이해하기 쉽지요?

물은 높은 곳에서 낮은 곳으로 흐릅니다. 전기도 마찬가지입니다. 수위차(수압)에 따라 물이 흐르는 것처럼 전위차(전압)에 따라 전기가 흐릅니다.

수위차 = 전위차
=
전압

즉, 『전압』이란 **전기를 흐르게 하는 압력**입니다.

● 전기기호와 단위

양	기호	단위
전압	V 또는 E	V(볼트)
전류	I	A(암페어)
저항	R	Ω(옴)
전력	P	W(와트)
주파수(34쪽 참조)	f	Hz(헤르츠)

Q. 왜, 전압을 나타내는 기호는 2종류일까요?

A. V…전압이나 전압강하 E…전원전압
과 같이 전압의 종류대로 구분하여 사용하기 때문입니다.

(본서에서는 제2장 이후에 구분하여 사용하고 있습니다)

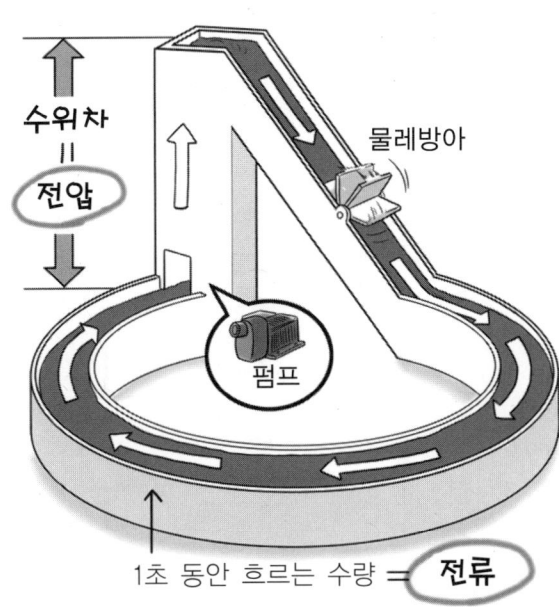

전압 × 전류 = 전력 이 됩니다.

『전류』란
1초 동안 흐르는 전기의 양

『전력』이란
전기가 흘러 1초 동안 하는 일의 양입니다.

위의 그림의 물레방아와 펌프에 주목하여 설명을 읽어 주세요.

물레방아에 주목!

물레방아를 전기에 비유하면 꼬마전구입니다.
물레방아가 물의 흐름에 따라 도는 것처럼 꼬마전구도 전류에 따라 빛을 내는 일을 합니다.

동시에 물레방아나 꼬마전구는 흐름을 방해합니다.
이와 같은 것을 **부하**라고 합니다.
부하가 흐름을 방해할 때 생기는 것이 '**저항**'입니다.
저항이란 전류의 흐름을 막는 것을 나타낸 것입니다.

펌프에 주목!

물을 끌어올려 수압을 만들어 내는 펌프의 역할은 전기에 비유하면 건전지가 됩니다.

이게 없으면 흐름을 만들어 낼 수 없습니다.

전기회로에서는 '**전원**'이라고 합니다.
전기의 원천이 되는 부분입니다.

후지타키 카즈히로 지음 『만화로 쉽게 배우는 전기』 성안당(2007)에서 일부 인용

● 전기회로의 기본

전기회로란 전류가 지나는 통로를 말합니다.
그리고 전기회로도란 전기회로를 간단한 그림기호로 나타낸 것입니다.

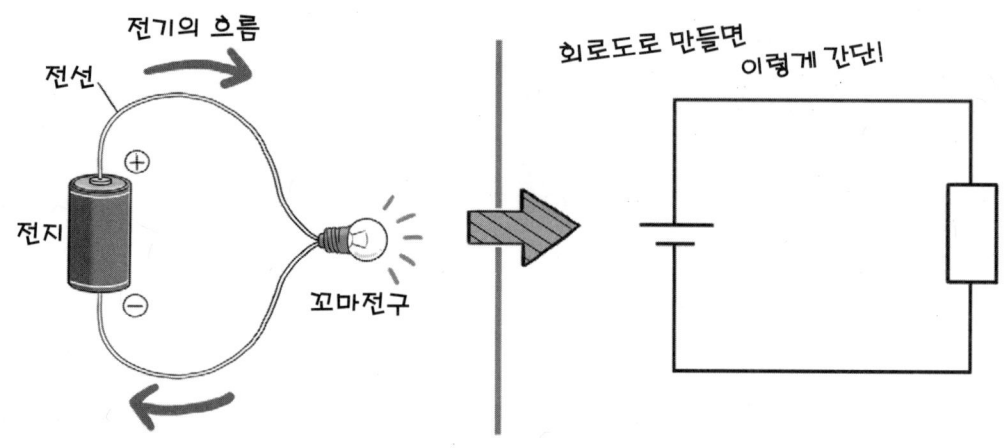

전기회로는 **전원전압**, **전류**, **저항**, 3가지로 구성되어 있고 전선으로 이어져 있습니다. 이 그림의 경우, 전원전압은 건전지입니다. 저항을 만드는 건 부하인 꼬마전구입니다. 전기회로는 반드시 닫힌 모양으로 되어 있고, 그것을 **폐루프**(폐회로)라고 합니다.

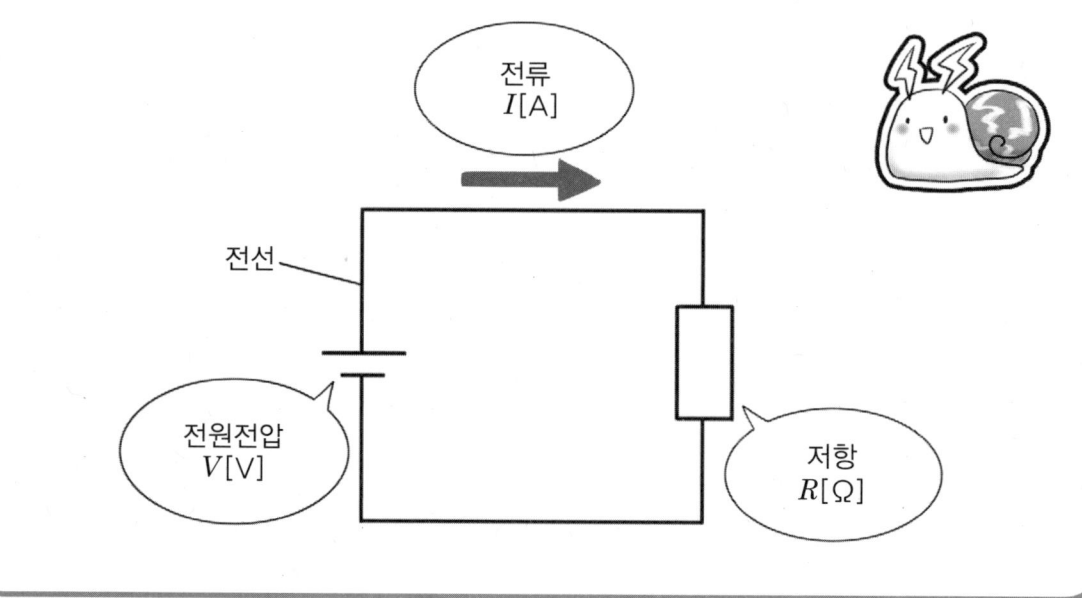

전기회로도의 기호도 확실히 외워둡시다~!

직류전원	교류전원	저항
⊕⊖	(~)	⏛
건전지 등. 플러스(긴 선)와 마이너스(짧은 선)의 차이에 주의합시다.	가정에 있는 콘센트 등	전구 등, 부하는 모두 저항이 됩니다.
스위치	코일	콘덴서
⚬/⚬	⌇⌇⌇	⊢⊣
ON·OFF 변환으로 전류의 흐름을 바꿀 수 있습니다.	전선을 둘둘 감은 것.	2장의 금속판으로 되어 있습니다.

★ 코일과 콘덴서는 다음 페이지에서 더 자세히 설명합니다!

전기회로를 그릴 때는 KS(한국산업규격 : Korean Industrial Standards)에 따라 정해진 그림기호를 사용합니다.

● 코일과 콘덴서

코일은…
모터 속에 들어 있거나 수신기 안테나 부분에 있습니다.

콘덴서는…
축전기라고도 합니다. 전기에너지를 일시적으로 축적해둘 수 있습니다.

전자회로의 여러 부분에서 사용하거나 전력을 낭비하지 않기 위해 사용합니다.

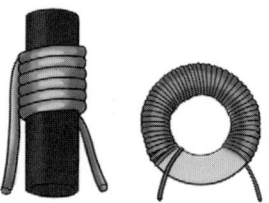

코일이나 콘덴서는 전기회로에 따라 하는 역할이 다릅니다.

● 옴의 법칙

전류 I는 전압 V에 비례하고, 저항 R에 반비례하여 흐릅니다.
이것은 『옴의 법칙』이라 하며, 전기회로에서 가장 중요하고 기본이 됩니다.

전압, 전류, 저항 중 2개의 수치를 알면, **나머지 하나도 계산으로 구할 수 있다**는 거군.

$$전류\ I = \frac{전압\ V}{저항\ R}$$

● **직렬과 병렬**

전기회로의 연결방법은 크게 2가지로 나눌 수 있습니다.

직렬연결	병렬연결
	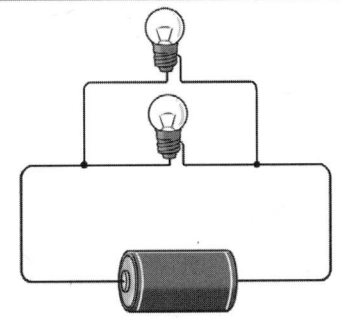
2개의 저항을 직선으로 연결합니다.	2개의 저항을 나란히 연결합니다.

뭐가 다르죠?

전류가 흐르는 방법, 전압을 거는 방법이 다릅니다.

직렬연결

전류는 같은 크기로 흐른다.

저항 1   저항 2

전원의 전류＝저항 1의 전류＝저항 2의 전류
전원의 전압＝저항 1의 전압＋저항 2의 전압

병렬연결

분류   합류

저항 1
저항 2

전원의 전류＝저항 1의 전류＋저항 2의 전류
전원의 전압＝저항 1의 전압＝저항 2의 전압

여기에 쓰여 있는 기초지식은 중요한 사항이므로 꼭 외워둡시다 ♪

2. 교류란 무엇인가?

● 직류와 교류

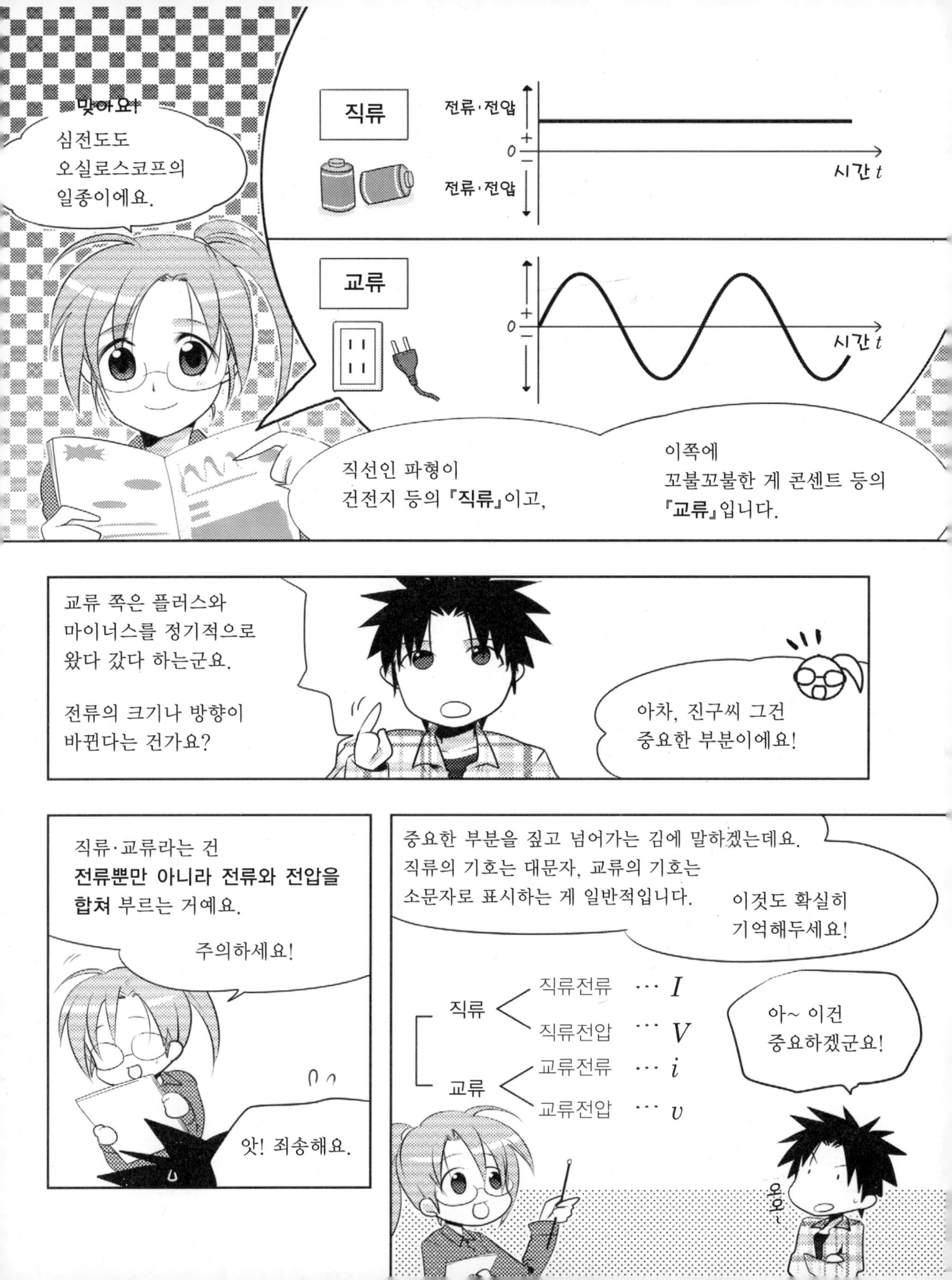

관람차와 sin 그래프

 저 관람차는 반지름 10m, 6분(360초) 동안 한 바퀴 돕니다.
우리들은 지금부터 저 검은 곤돌라의 **높이**에 주목합시다.
몇 초 후에 가장 높은 곳에 있고, 몇 초 후에 가장 낮은 곳에 있을까요?

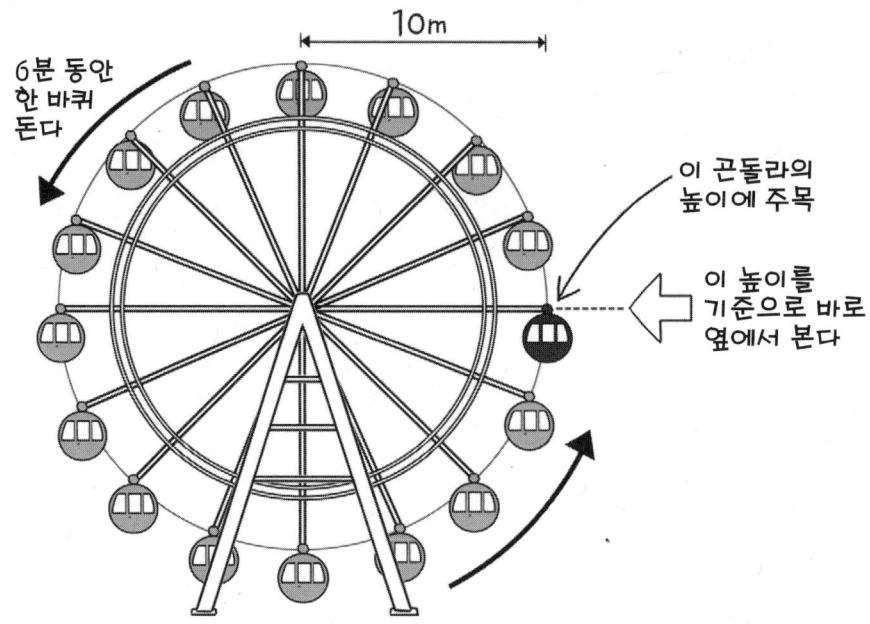

 음, 90초 후에 가장 높아지고, 270초 후에 가장 낮아지는 건…가요?

 맞습니다!
검은 곤돌라의 높이를 그래프로 그리면 다음과 같습니다.

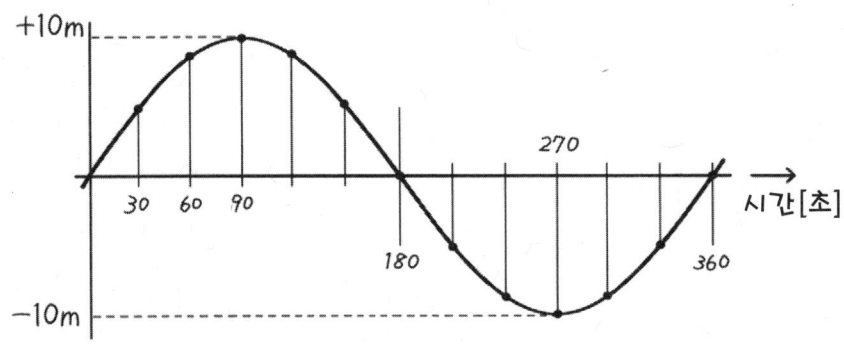

흠, 그렇구나.

 이 파형이 실은 **삼각함수의 sin의 그래프**입니다!
함수란 한쪽 수치가 결정되면, 다른 한쪽의 수치도 결정되는 대응관계입니다.
이 그래프는 그 대응관계가 연속된 것을 나타내고 있습니다.

 아, 과연!
시간을 알면 검은 곤돌라의 높이도 알 수 있고, 높이를 알면 얼마큼 시간이 걸리는지도 알 수 있다는 거군요?

 바로 그거에요! 참고로 왜 삼각함수라고 하냐면…봐요!

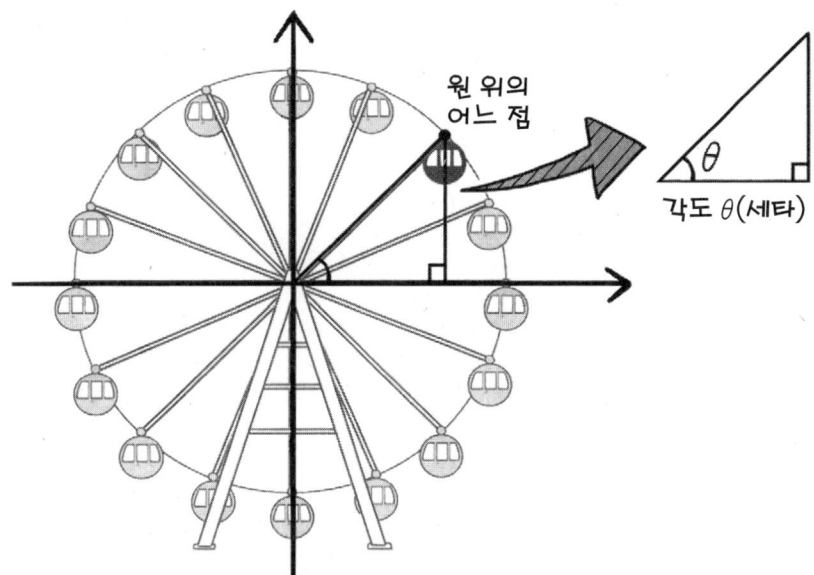

원 위에 있는 한 점에서 삼각형이 만들어지는 모양

 오, 삼각형이 있군요!

 검은 곤돌라가 빙글 한 바퀴 돌아가는 것은 원주 상을 어느 한점이 돌아가는 **'원운동'** 으로 되어 있습니다.
그리고 원 위의 어느 한 점에 주목하면 이 같이 삼각형이 만들어집니다.

시부야 미치오 지음 『만화로 쉽게 배우는 푸리에 해석』 성안당(2006)에서 일부 인용

● 단위원(單位圓)과 sin의 그래프

 그럼 이제 『단위원』으로 sin의 그래프를 생각해봅시다!

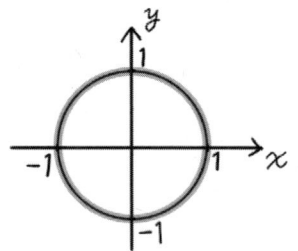

> **CHECK!**
> 반지름이 1인 원을 단위원이라 합니다. 단위원은 간단하고 편리하기 때문에 각도나 파형을 생각할 때 기준으로 사용하고 있습니다.

 곤돌라가 도는 것과 같이 이 원주 위를 어떤 점이 돌아가는 원운동을 하고 있다고 생각해보세요.
그리고 이 원 위에 있는 한 점에 주목하여 삼각형을 만들었다고 칩시다.

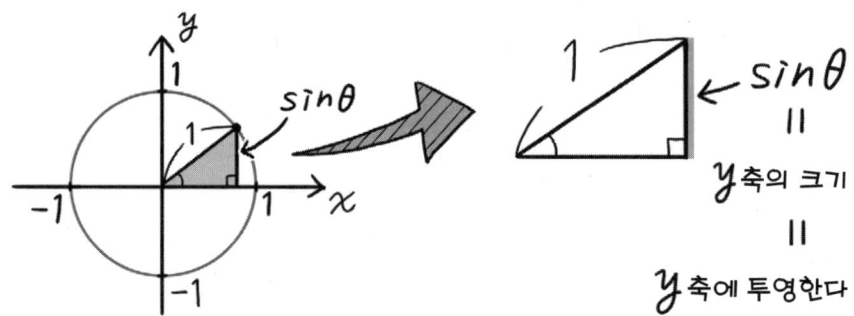

그럼 처음에 이야기한 $\sin\theta$의 정의와 비교하면서 생각해 보세요.
(프롤로그 11쪽 참조)

 아아! 삼각형의 높이를 그대로 $\sin\theta$라 하는 군요?

 그렇습니다! 즉, y축의 크기에 주목하면 됩니다. 수학적으로는 **y축에 투영한다**고 말합니다.

그런데 방금 전에 이야기 한 관람차의 예에서는 360초로 한바퀴(360도) 돌고 있었습니다. 이것은 그대로 45초 후에는 각도 θ가 45도, 90초 후에는 각도 θ가 90도…라고 바꿔서 생각할 수도 있습니다.

그래서 지금까지 한 이야기를 전부 합치면, 삼각함수의 sin의 그래프는 아래와 같습니다.

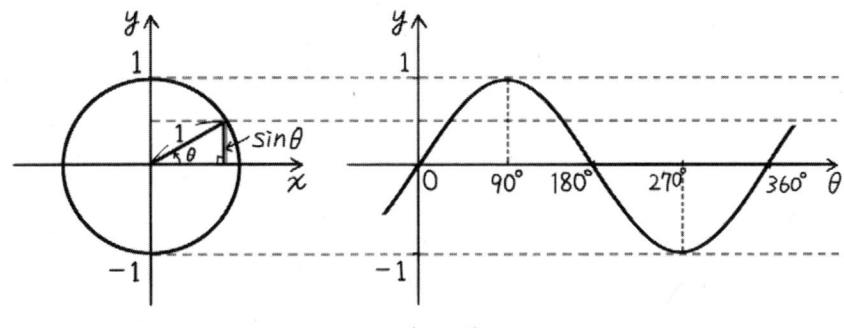

y=sinθ의 그래프

 아아!! 고등학생 때 이런 거 배운 기억이 나요. 생각났어요!

 그럼, 삼각형의 높이가 sinθ인 것처럼, 삼각형의 밑변의 길이는 cosθ라고 생각할 수 있습니다. cosθ의 정의를 생각해보면 알 수 있을 것입니다(11쪽 참조).
그리고 삼각함수의 cos의 그래프는 아래와 같습니다!

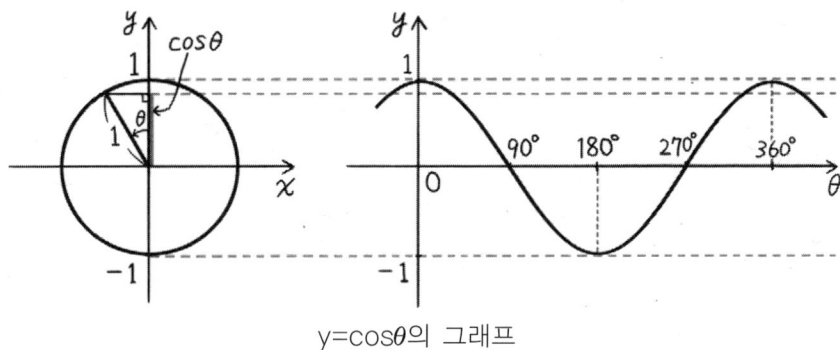

y=cosθ의 그래프

 sin의 그래프도 cos의 그래프도 형태는 같고, 90도 차이가 나는 것뿐이군요.

 그래요. 삼각함수는 삼각형뿐만 아니라 **회전운동이나 원과도 밀접하게 관련되어 있다**는 걸 기억해주세요.

 샌드위치뿐만 아니라 관람차도 생각하라는 거군요!

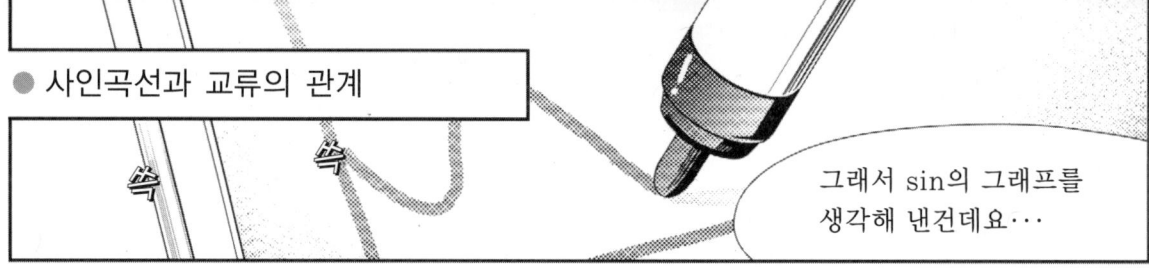

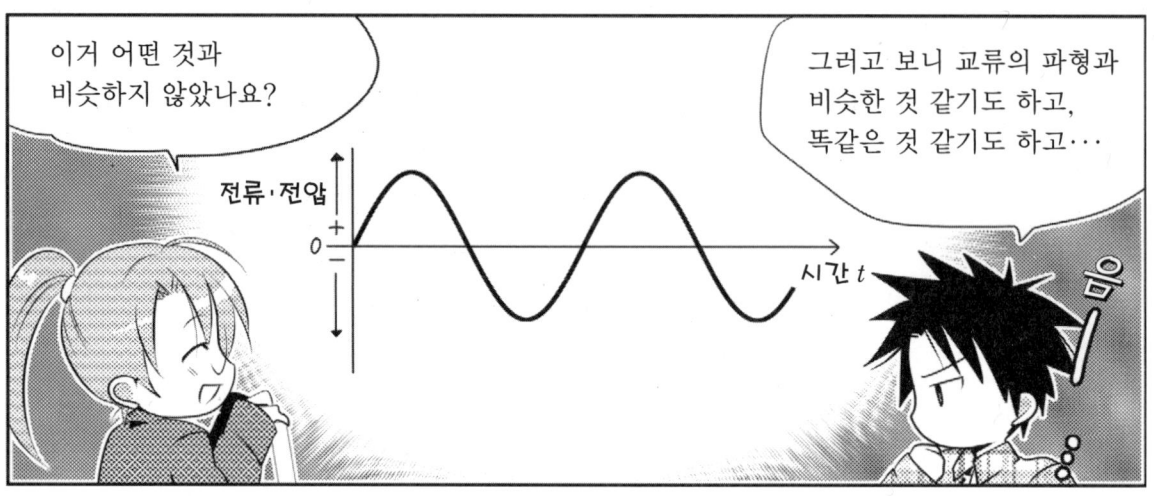

● 교류의 주파수

그럼 교류에 대해
더 자세히 설명하겠습니다.
　오실로스코프에서 본 교류의 파형은
　플러스와 마이너스의 파형을
　반복하고 있었죠?

빠앙~

네,
그랬었죠.

실은 이건,
전기가 흐르는 방향이
항상 변화하고 있기 때문이에요.

　콘센트 전기는
　이런 식으로 좌회전, 우회전을
　반복하고 있어요.

음…
바빠 보여요.

척척

척척
폭폭

폭폭

제1장…전기수학이란? 33

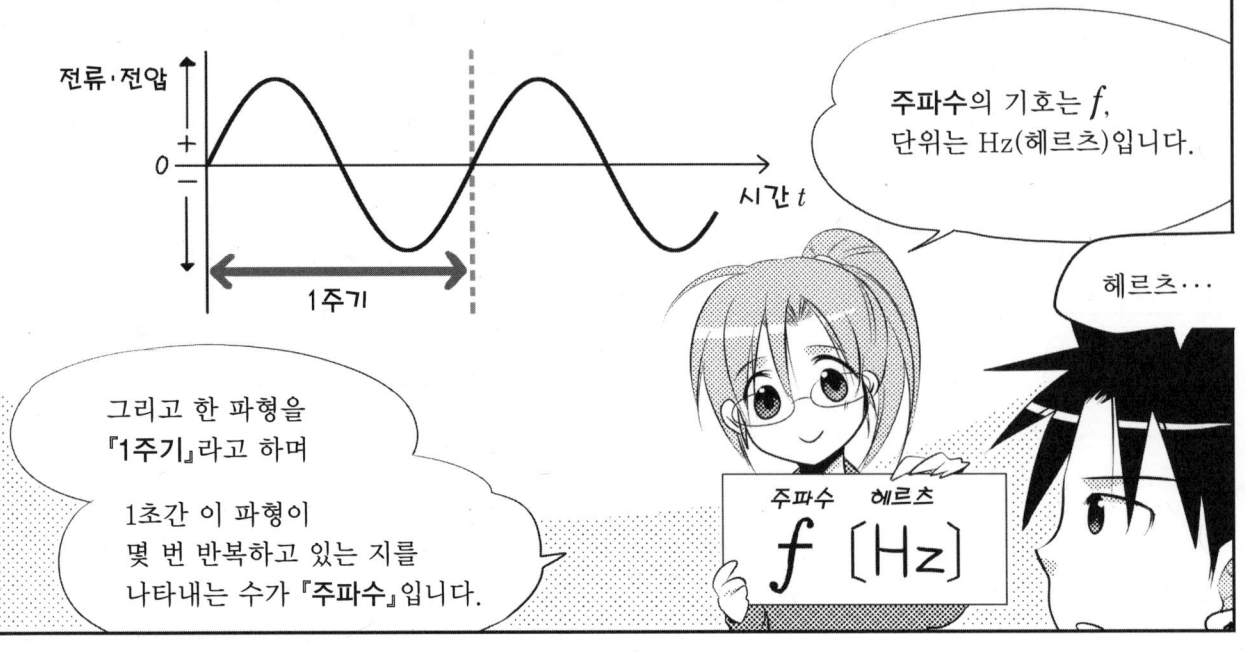

● 교류의 최대치·실효치·순시치

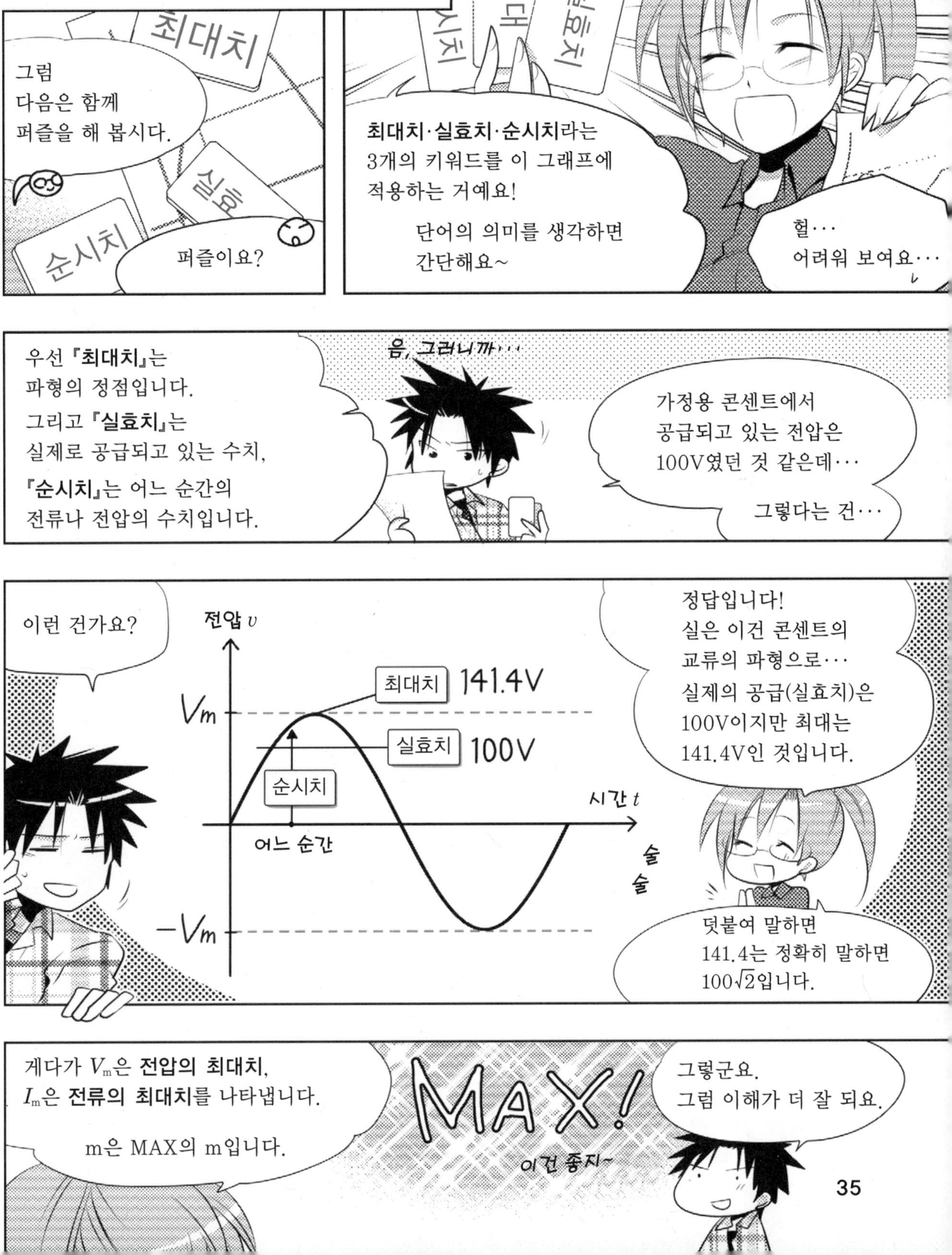

그럼 다음은 함께 퍼즐을 해 봅시다.

퍼즐이요?

최대치·실효치·순시치라는 3개의 키워드를 이 그래프에 적용하는 거예요!

단어의 의미를 생각하면 간단해요~

헐… 어려워 보여요…

우선 『최대치』는 파형의 정점입니다.
그리고 『실효치』는 실제로 공급되고 있는 수치,
『순시치』는 어느 순간의 전류나 전압의 수치입니다.

음, 그러니까…

가정용 콘센트에서 공급되고 있는 전압은 100V였던 것 같은데…
그렇다는 건…

이런 건가요?

정답입니다!
실은 이건 콘센트의 교류의 파형으로…
실제의 공급(실효치)은 100V이지만 최대는 141.4V인 것입니다.

덧붙여 말하면 141.4는 정확히 말하면 $100\sqrt{2}$입니다.

게다가 V_m은 **전압의 최대치**,
I_m은 **전류의 최대치**를 나타냅니다.

m은 MAX의 m입니다.

MAX! 이건 좋지~

그렇군요.
그럼 이해가 더 잘 되요.

● 교류를 sin의 식으로 나타내보자

그럼 마지막으로 교류에 대해 정리하겠습니다!

교류는 sin의 그래프와 같았지요?

그러므로 교류의 전류 i와 전압 v는 sin을 사용해서 이런 식으로 나타낼 수 있습니다.

교류전류 $i(t) = I_m \sin \omega t$

교류전압 $v(t) = V_m \sin \omega t$

이것은 시간 t에 따라 전류나 전압의 크기가 바뀌는 '**순시치의 공식**' 이라고도 합니다.

그리고 교류전압을 그래프로 만들어 보면 이와 같습니다!

이 곡선은 $v(t) = V_m \sin \omega t$

짜잔!

오오~!

기호의 의미를 1개씩 확인해보면 이해가 잘 되요~

시간이 t이고, V_m은 방금 한 최대치… 그런데…

????

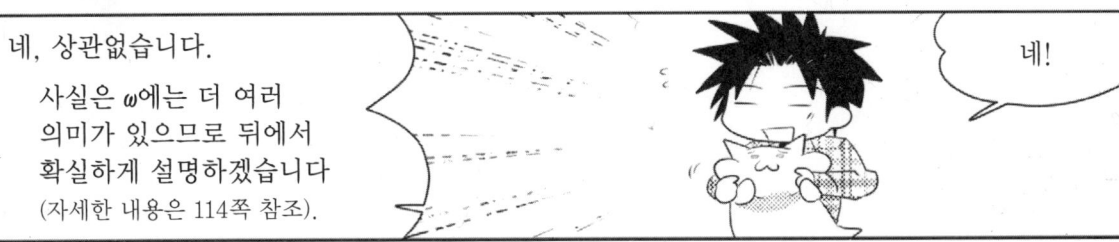

3. 전기수학에 필요한 수학

● 필요한 수학의 전체상

그럼, 그 문제에 대해서 말인데요.
전기수학 문제는 크게 2가지로 분류합니다.
'**직류 문제**'와 '**교류 문제**'입니다.

그리고 필요한 수학지식도 다릅니다.
정리하면 아래와 같습니다!

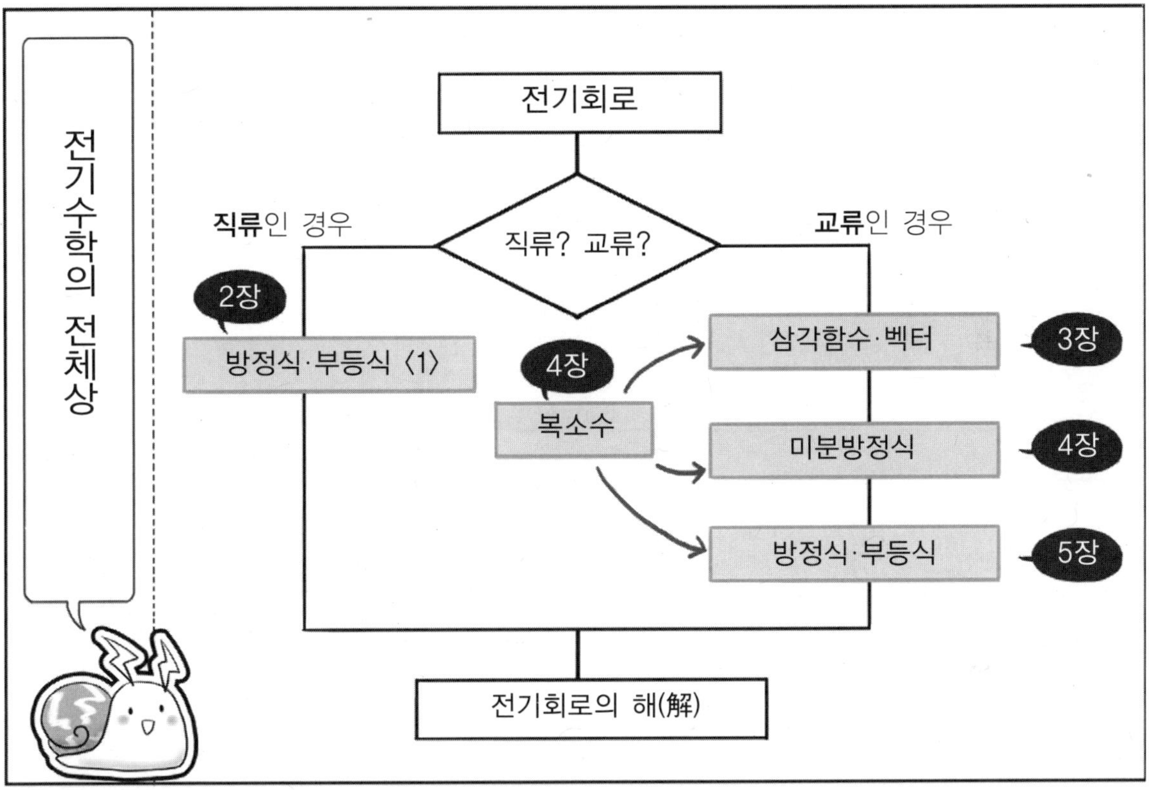

전기수학의 전체상

```
                    전기회로
                       │
        직류인 경우    ◇ 직류? 교류?    교류인 경우
             │                              │
          [2장]                         ┌─[3장] 삼각함수·벡터
    방정식·부등식⟨1⟩      [4장]         ├─[4장] 미분방정식
                          복소수  ──────┤
                                        └─[5장] 방정식·부등식
                       │
                 전기회로의 해(解)
```

우와…
여러 가지 있군요.

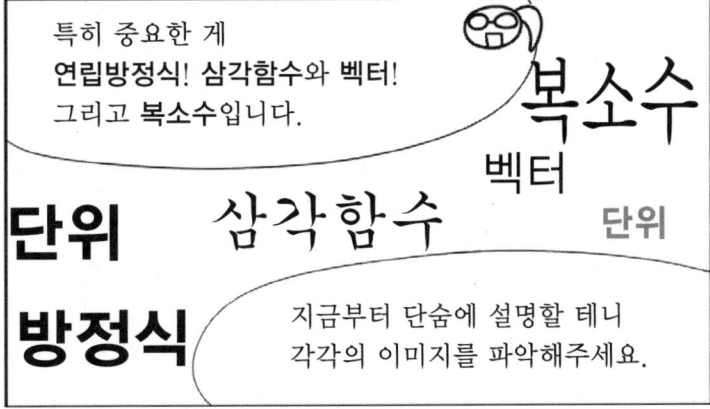

특히 중요한 게
연립방정식! 삼각함수와 벡터!
그리고 **복소수**입니다.

지금부터 단숨에 설명할 테니
각각의 이미지를 파악해주세요.

제1장 … 전기수학이란? **39**

● 연립방정식

그럼 진구씨!

연립방정식을 기억하고 계신가요?

$$3x + y = 5$$
$$-x + 2y = -4$$

연립방정식! 오랜만에 보는 군요…

중학생 때 대충 풀었던 기억이…

기억하고 싶지 않은 추억만…

연립방정식을 풀면 x와 y 등의 값을 '모르는 수'의 답이 나와요.

모르는 수치 - **미지수**를 구하기 위해서는 이 연립방정식은 꼭 필요해요!

전류 I 전압 V 저항 R

멋져~!!

예를 들면 전기수학의 경우에는 전류 I, 전압 V, 저항 R의 수치가 미지수가 되거나 합니다.

이번에는 연립방정식으로 이것을 구하면 되는 겁니다~!

평상심, 평상심…!

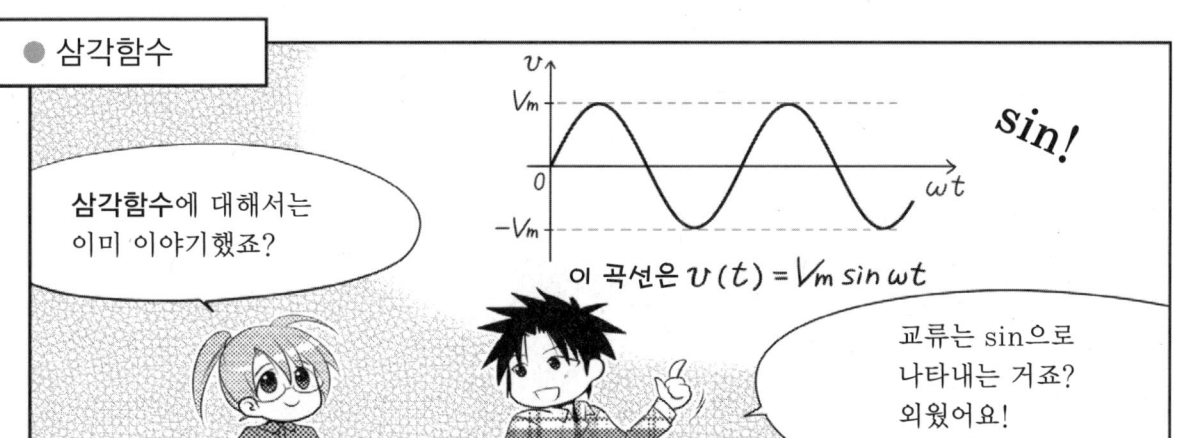

※ 본서에서는 벡터를 $\vec{a}$, 절댓값을 $|\vec{a}|$ 등으로 표기하고 있습니다.

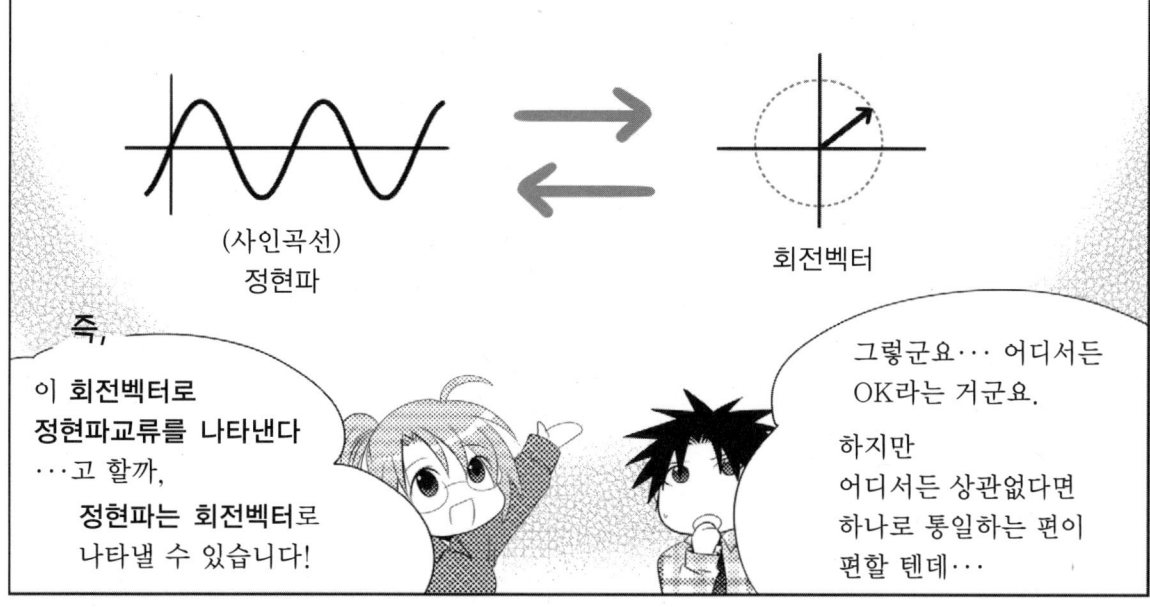

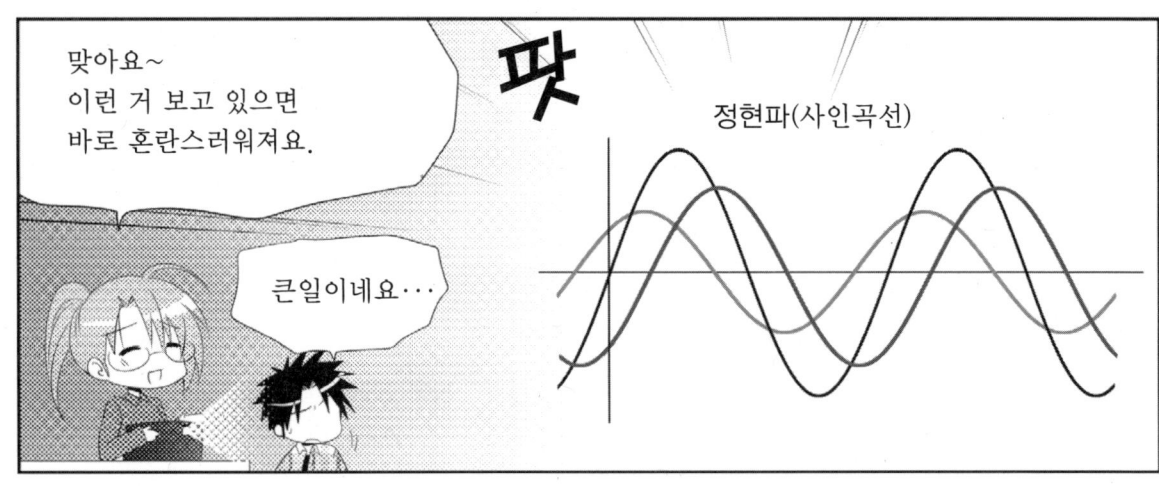

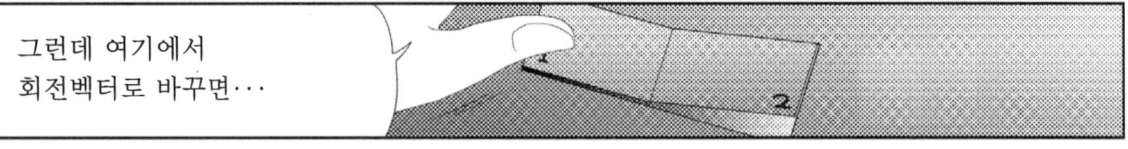

※ 허수에 대한 자세한 내용은 제4장에서 설명합니다.

● 복소수의 기본

그럼 허수 i에 대해 나온 김에 『복소수』에 대한 이야기를 해 봅시다.

진구씨는 복소수라는 단어를 들어본 적이 있나요?

복소수요? 처음 듣는데요.

그래요?…
그럼 정신 똑바로 차리고 들어 주세요.
조금 어려우니까.

하아…
우우…
어려워…!?

방금 전에 설명한 것처럼 허수란 덧없는…상상 속에 존재하는 숫자입니다.
그에 대해 실제로 존재하는 숫자인 **실수**라는 것이 있습니다.
(※ 실수에 대해서는 54쪽 참조)

복소수란 이 상상 속에 존재하는 숫자 - **허수**와 실제로 존재하는 숫자 - **실수가 섞인 수**입니다.

예를 들면 여기에 허수 i를 사용한 $a+bi$라는 형태의 수를 만들어 봅시다.

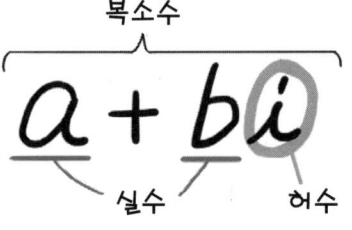

복소수
$a + bi$
실수 허수

a나 b에는 2나 5, 7, 9같은 이런 실수가 들어갑니다.
이게 복소수입니다.

달콤한 환상과 괴로운 현실이 섞인 것이 인생…
복소수가 그렇게 말하고 있는 기분이 들어요…

아니, 전혀.

46 만화로 쉽게 배우는 전기수학

여기에서 주의해야 할 점은 허수에 대해서입니다.

이 허수 i라는 것은 수학상, 이같이 정의되어 있지만… **전기의 세계에서는** i는 교류전류를 나타낸다고 정해져 있었죠?

듣고 보니 그렇네요!

그래서 전기의 세계에서는 허수단위가 i(아이)가 아닌 j(제이)가 됩니다!

전기의 세계에서는 사랑은 덧없으면 없어지는 거예요!

정체불명인 덧없는 j…! 멋있네…!

그래서 방금 전에 나온 수도 $a+bi$가 아니라 $a+jb$라고 표기합니다.

a부분을 복소수의 '**실수부**' b부분을 복소수의 '**허수부**' 라고 합니다.

j가 앞에 있는 편이, 복잡한 식을 다룰 때 편리합니다. 전기의 세계에서는 복소수는 $a+jb$라고 외워둡시다.

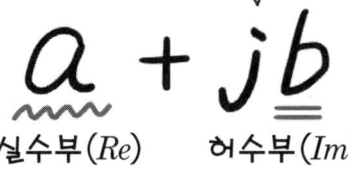

실수부(Re) 허수부(Im)

실수부는 Re, 허수부는 Im 이군요. 그런데 어라?

허수부는 허수니까 Imaginary로 Im… 이라고 한다면

실수부의 Re는 혹시 Real인가요…?

맞습니다! 진구씨 벡터에 이어 대단하네요~

Imaginary
Real

실은 그 벡터, 이 복소수와도 밀접한 관계에 있습니다.

결론부터 말하면 **복소수는 벡터로 나타낼 수 있습니다.**

이 복소수 $a+jb$를 벡터로 표시해봅시다!

● 복소벡터를 그려보자

 자, 준비는 됐나요? 지금부터 복소수 $a+jb$를 사용해서 벡터를 그려봅시다!

> **STEP 1** $a+jb$를 식으로 만들자.

 우선, 임시로 z를 사용해서 $z=a+jb$라는 식으로 만들어 봅니다.

 흠.
이 식은 실수와 허수가 섞여 있으므로 이 식도 물론 **복소수**군요.

> **STEP 2**   복소평면(가우스평면)을 준비해서 점을 생각해보자.

 복소수를 벡터로 표시하기 위해서는 **복소평면**이라는 단계가 필요합니다.
복소평면이란 가로축이 **실축(실수축)**, 세로축이 **허축(허수축)**으로 되어 있는 xy의 평면입니다.
결국, 가로축이 Re(실수부), 세로축이 Im(허수부)으로 되어 있습니다.

 아~!
그럼 $a+jb$의 'a와 b의 수치'를 각각 축 위에 표시할 수 있겠군요.

 네! 즉, 복소수는 **복소평면상의 하나의 점**(a, b)이라고 생각할 수 있습니다.

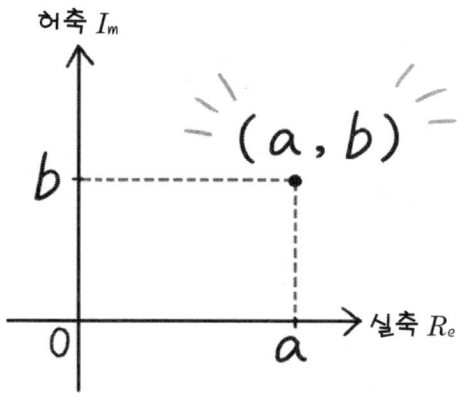

STEP 3   벡터를 복소평면상에 그려보자.

 그리고 원점 O에서 그 한 점을 나타내는 벡터를 그려봅시다!
이것이 『복소벡터』입니다. 짠!

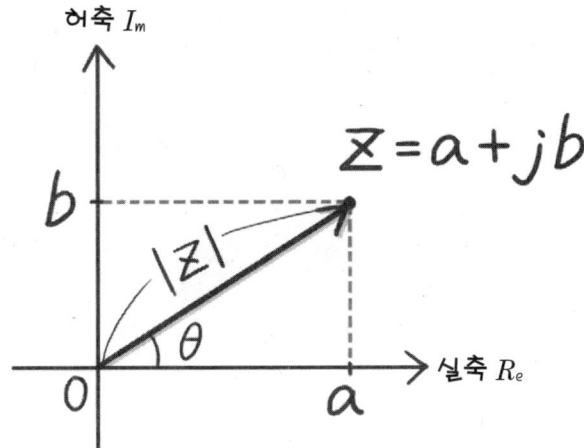

복소수를 벡터로 표시한 모양

 오오오! 확실히 벡터를 표현할 수 있군요.
이 벡터를 보면 각도(방향을 나타냄)와 크기를 확실하게 알 수 있어요.

 이 벡터가 그대로 $z=a+jb$로 대응하고 있는 것입니다!
이 그림의 의미를 확실히 기억해두세요.

● 복소수와 벡터의 관계

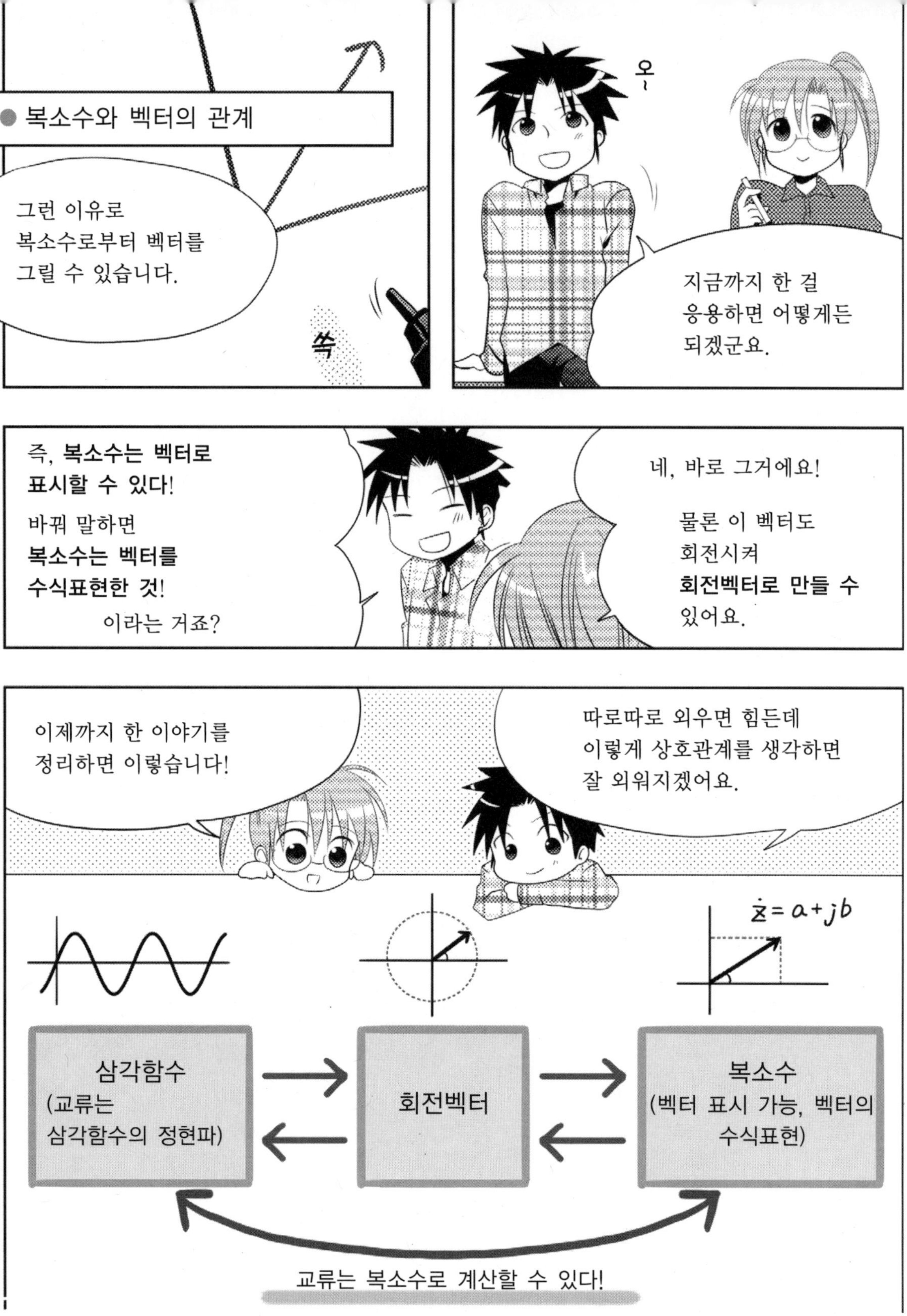

그런 이유로 복소수로부터 벡터를 그릴 수 있습니다.

지금까지 한 걸 응용하면 어떻게든 되겠군요.

즉, 복소수는 벡터로 **표시할 수 있다**! 바꿔 말하면 **복소수는 벡터를 수식표현한 것**! 이라는 거죠?

네, 바로 그거에요! 물론 이 벡터도 회전시켜 **회전벡터로 만들 수 있어요**.

이제까지 한 이야기를 정리하면 이렇습니다!

따로따로 외우면 힘든데 이렇게 상호관계를 생각하면 잘 외워지겠어요.

$\dot{z} = a + jb$

| 삼각함수 (교류는 삼각함수의 정현파) | ⇄ | 회전벡터 | ⇄ | 복소수 (벡터 표시 가능, 벡터의 수식표현) |

교류는 복소수로 계산할 수 있다!

죄송해요!
중요한 걸 가르쳐드리는 걸
잊고 있었어요.

네?

중요한 거…!?

저희 회사
마스코트인

전기돌이에요!!!

꼭 기억해
두세용!

…네.

엄청 특이한
사람이라는 건
알았다.

이 사람과 친해지면…
혹시 사람 사귀는 게 조금은
익숙해지려나…?

…그런데 이거 이름이
뭐라고 했죠?

전기돌이요!!!

제1장···전기수학이란?　53

~ 수의 분류. 실수란 무엇일까? ~

허수를 공부할 때, 허수에 대립되는 개념으로 '**실수**'가 등장했습니다.
허수는 상상 속에 존재하는 수입니다. 그에 비해 실수는 실제로 존재하는 수입니다.
그럼, 존재하는 수에는 어떤 것이 있을까요?
수에 대해 정리한 것이 이 표입니다.

복소수
- $a+bi$ 라는 형태의 수 (전기의 세계에서는 $a+jb$)
- ※ a 와 b 는 실수
- ※ i 는 허수단위

실수

유리수★		무리수
정수	정수가 아닌 유리수	
• 양의 정수 • 0 • 음의 정수	• 0.3과 같은 유한소수 • 0.333…과 같은 순환소수	• π 나 $\sqrt{2}$ 와 같은 순환하지 않는 무한소수

순허수
- bi 라는 형태의 수
- ※ b 는 0이 아닌 실수

★ $\dfrac{q}{p}$ 라는 형태(※ p 는 0이 아닌 정수, q 는 정수)로 표현할 수 있는 수를 유리수라고 합니다. 정수는 유리수의 일종입니다.

다카하시 신 지음 『만화로 쉽게 배우는 선형대수』 성안당(2009)에서 인용

수학적으로 말하면 **실수**란 무리수와 유리수를 합친 것입니다.
그리고 그 실수와 허수가 섞인 것이 **복소수**입니다.

이것으로 수에도 여러 종류가 있는 것을 알게 되었으리라 생각합니다.

제2장

방정식·부등식으로 풀 수 있는 전기회로
⟨1⟩ 직류회로

1. 문제를 풀기 위해 알아 두어야 할 사항

키르히호프 제1법칙(전류보존의 법칙)

회로상에 있는 어느 점(A점)으로 흘러들어온 전류와 그곳에서 흘러나가는 전류의 합은 같다.

$$I_1 + I_2 = I_3 + I_4$$

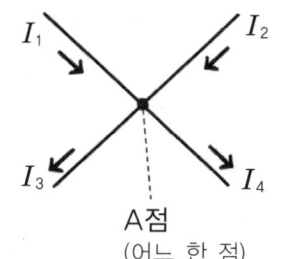

A점
(어느 한 점)

● 전압강하란 무엇일까?

그럼, 이제부터 조금 주의해줬으면 하는 점이 있어요.
전압에 대해서 이제까지 모두 전압 V로 설명했는데, 앞으로는 「**전원전압 E**」와 「**전압강하 V**」로 구분해서 쓰는 경우가 있습니다.

익숙하지 않은 E가 나오면 전압을 가리키는 거군요, 잘 알겠습니다!
…그런데, 그 '**전압강하**'라는 게 뭔가요? 처음 듣는데요.

우선, 이 그림을 봐 주세요. 전압강하도, 물에 비유해서 이야기 합시다.

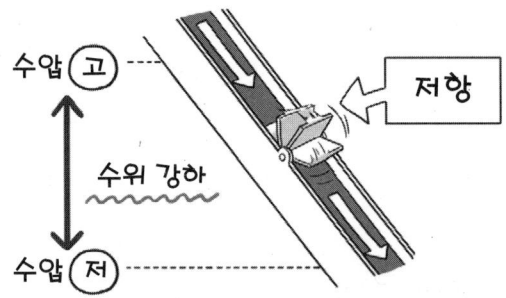

물레방아가 돌아가게 하기 위해서는 수위차(=전기에 비유하면 전압)가 필요합니다.
그리고 물레방아를 돌리기 전과 돌린 후에는 수위에 변화가 생깁니다.

아, 혹시 전기의 세계에서도 이런 식으로 전압이 바뀌는 건가요?
저항을 받기 전의 전압이 높고, 저항을 받고나면 전압이 낮아진다던가…

맞아요! 그림으로 그리면 이렇게 됩니다~

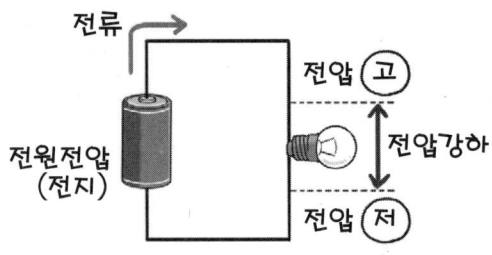

흠. 저항에 전류가 흐르면, 저항 전후에서 전압강하가 일어나는군요.

60 만화로 쉽게 배우는 전기수학

이 전압강하 V는 옴의 법칙(22쪽 참조)으로 $V=RI$로 구할 수 있습니다. **전압강하 = 저항 × 전류**이지요.

그래서 전원전압 E, 전압강하 V라 하면, 이런 회로도가 만들어집니다.

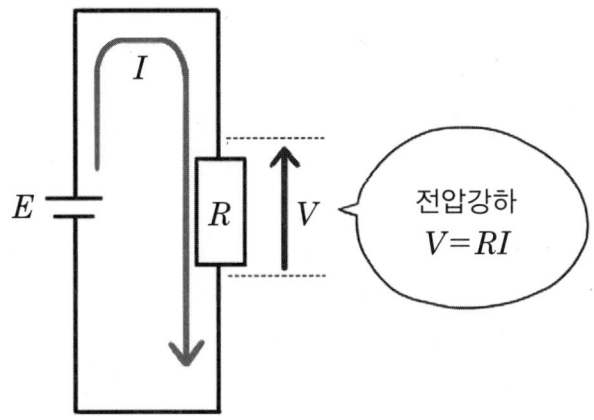

전류가 흘러, 전압강하가 일어나고 있는 형태

 어라…? 잠, 잠깐만요.
전압강하 화살표는 왜 **전류와 반대방향**인가요!?

 전압의 화살표는 전압이 낮은 쪽에서 높은 쪽으로 그립니다.

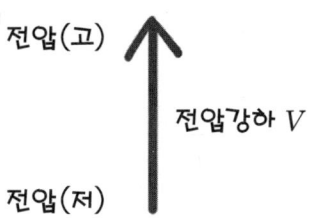

저항을 통과한 후의 전압 쪽이 전압이 낮기 때문에 자연스럽게 전류와 반대방향이 되는 것입니다. 이 부분은 중요하므로 꼭 외워두세요.

 호오오오. 알겠습니다.

● 키르히호프 제2법칙

그럼, 제1이 있으니까 제2법칙도 있겠죠?

방금 전에는 '전류보존의 법칙'이었는데 이번에는 뭘까요?

전류였으니까… 이번에는 전압인가?

어제부터 전류와 전압은 세트로 나왔으니까.

진구씨 정답이에요!

키르히호프 제2법칙은 『전압보존의 법칙』이에요.

그림을 보면, 전류 I가 흐르는 것으로 3개의 저항 R_1, R_2, R_3에 각각 **전압강하** V_1, V_2, V_3가 일어나지요?

이 전압강하 V_1, V_2, V_3의 합은 전원전압 E와 같아요!

즉, 전압이 보존되어 있으면 이렇게 됩니다!

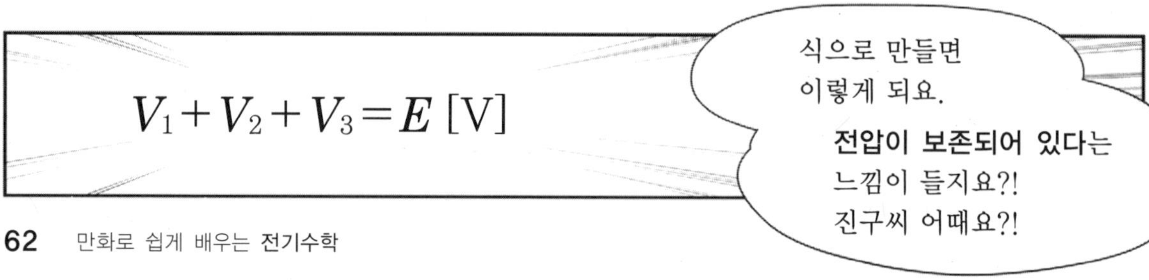

$$V_1 + V_2 + V_3 = E \ [\text{V}]$$

식으로 만들면 이렇게 되요.

전압이 보존되어 있다는 느낌이 들지요?! 진구씨 어때요?!

그럼 제가 좋아하는 물에 비유해보겠습니다.
집의 2층부터 물이 흘러넘치는 상황을 상상해 보세요♪
1층은 어떻게 될까요?

음…

1층…음.
계단으로 물이 흘러 내리겠죠.

맞아요.
물은 계단을 내려올 때마다 수위차(=지면에서의 높이)는 줄어듭니다~♪
하지만 한 층마다의 수위차(높이)를 전부 더하면 원래의 수위차(높이)와 같아지지요~♪
이 그림은 방금 전에 본 그림과 어떤 점이 비슷할까요~?

아아…그러고 보니 비슷한 것 같기도 하네요.
그런데 조금 걸리는 게 있네요.

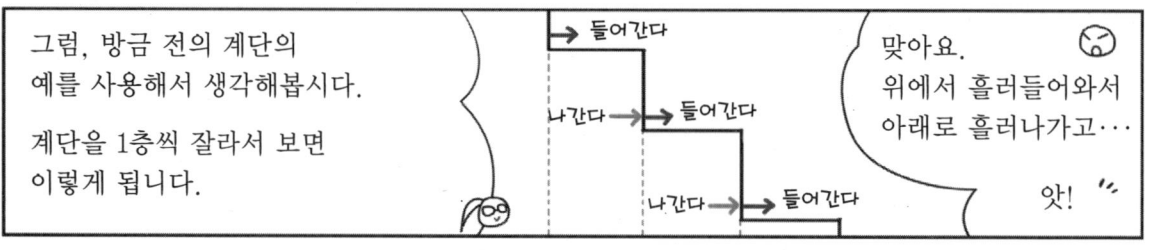

● 키르히호프의 제1법칙은 합이 0인 법칙!

 그럼 바로 『합이 0인 법칙』에 대해서 설명하도록 하죠.
우선 **제1법칙**에 대해서 말씀드리겠습니다. 이 설명은 간단합니다.

$$I_1 + I_2 = I_3 + I_4$$ 이 식의 우변을 좌변으로 이항하면…

$$I_1 + I_2 - I_3 - I_4 = 0$$ 이 되지요.

 아! 정말 0이 되었어요.

 즉, 『회로 상에 어느 점(A점)의 전류의 총합은 0이 된다』고 이해하면 편리해요.

플러스와 마이너스 부호에 주의하세요~

- A점에서 들어오는
  I_1, I_2에는 **플러스** 부호
- A점으로 나가는
  I_3, I_4에는 **마이너스** 부호

$$I_1 + I_2 - I_3 - I_4 = 0$$

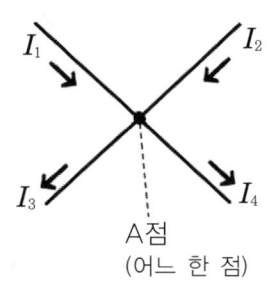

A점
(어느 한 점)

 그렇군요. 전류가 흐르는 방향을 확실히 의식하라는 거군요.
그저 합이 0! 이라는 건 멋지네요.

 네… 왠지, 이런, 허무감을 느끼지요.

 (이럴때는 부정적인 느낌의 사람인 것 같고!!)

● 키르히호프의 제2법칙은 합이 0인 법칙!

 그럼, 마음을 다시 가다듬고, 다음은 **제2법칙**에 대해서 설명하겠습니다.
방금 전 어느 **폐루프**에서 '전압강하의 합'과 '전원전압의 합'은 같다고 설명했었죠?

…하지만 생각해보세요.
폐루프 속에 전원전압이 포함되어 있지 않을 때는 어떻게 할까요?

 네?? 한번도 생각해본 적이 없어요.

 예를 들면 아래의 회로도에서는 폐루프는 최대 7가지를 생각할 수 있습니다.
하지만 그 중 3개의 폐루프는, 모두 전원전압에는 연결되지 않습니다.
이럴 때 어떻게 할까요?

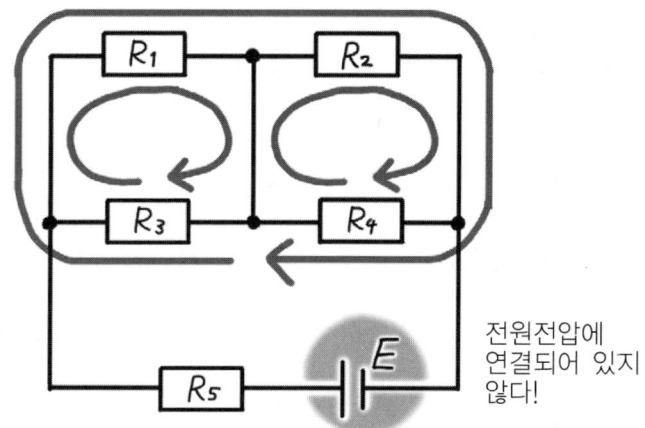

전원전압에 연결되어 있지 않다!

 …아, 포기하나요?

 땡! 아깝네요. 실은 이런 경우에도 제2법칙은 사용할 수 있습니다.
『어느 폐루프에서 전압강하의 합은 0이다』가 성립한 것입니다.

 네…? 이것도 0이 되나요?

 네! 여기에서도 중요한 건 **플러스와 마이너스의 부호**를 붙이는 방법입니다.
어떻게 부호를 붙이면 되는지 지금부터 설명할게요.

 우선 '그림 a 전류의 방향'에 주목해주세요. 이같이 전류가 흐르면…
자연스럽게 전압강하 V는 '그림 b 전압강하의 방향'과 같이 되지요.

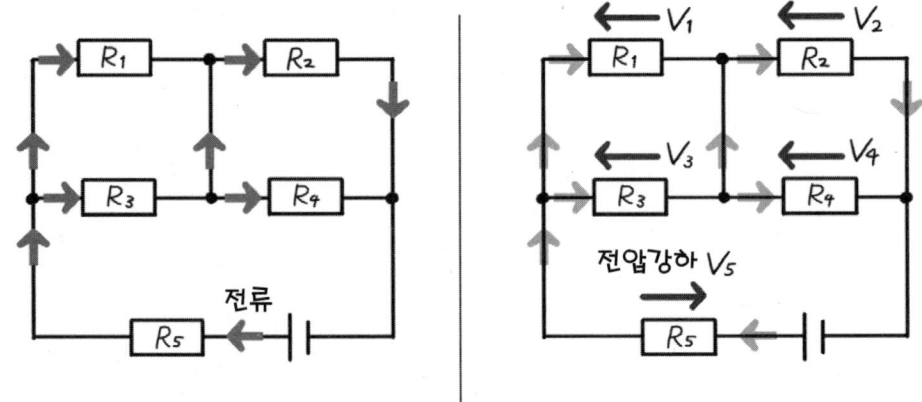

 네. 전류와 전압강하의 관계는 전에 배운대로입니다(61쪽 참조).

 다음으로 이 전압강하 V의 화살표와 방금 본 큰 페루프에 주목하십시오. 페루프를 거슬러 올라와 생각해보세요. 뭔가 다르지 않습니까?

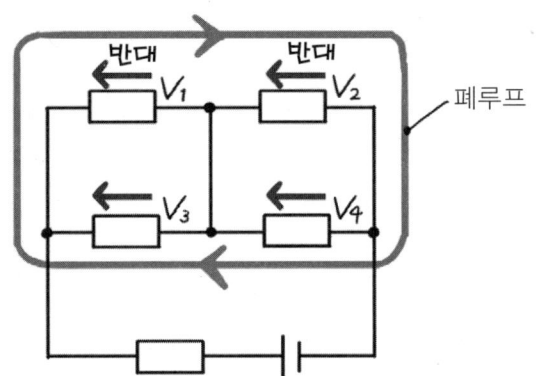

 앗! 위의 2개의 전압강하 V는 페루프 화살표의 방향과 **반대**에요!

 그렇네요. 이런 때는 **마이너스 부호**를 달아주면 됩니다.
즉, 이 경우,
$$-V_1 - V_2 + V_3 + V_4 = 0$$ 이 성립합니다.

참고로, 페루프를 반대로 해도
$$+V_1 + V_2 - V_3 - V_4 = 0$$ 이 되어, 제대로 성립합니다.

 헤에. 뭔가 신기하네요.

 대개 전원전압이 있는 경우는 합이 0이 되는 법칙은 성립합니다.
전원전압 E의 전압을 화살표로 나타내어 생각해봅시다.

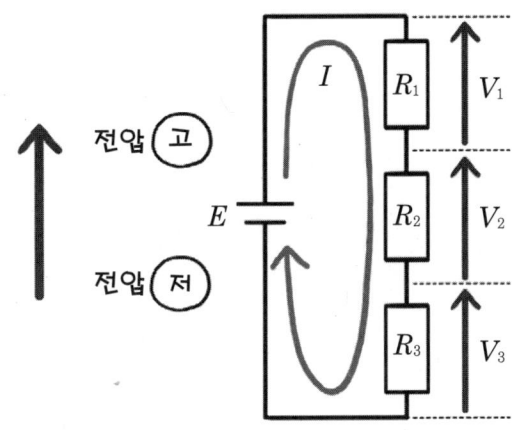

전원전압, 전압강하, 폐루프의 화살표 모양

폐루프를 거슬러 올라 생각하면
$$-V_1-V_2-V_3+E=0$$이 되는 것이 이해가 됩니까?

참고로 폐루프의 방향이 반대면
$$+V_1+V_2+V_3-E=0$$이 됩니다.

 아아! 그건 처음에 배운 제2법칙의 식
$$V_1+V_2+V_3=E$$
의 E를 좌변으로 이동시킨 것뿐이네요!

 맞아요. 지금까지 설명한 것은 실은 모두 당연한 거예요. 하지만 이걸 이해하지 못한 상태에서 문제를 풀면 조금 당황할 수도 있어요.

 흠, 그렇군요. 알겠습니다!
키르히호프의 법칙은 바꿔 말하면 **합이 0이 되는 법칙**!
제2법칙은 폐루프에 전원전압이 없어도 사용할 수 있는 법칙이라는 거군요.

● 합성저항

 전기수학 문제를 풀기 위해 꼭 외워야 하는 게 **「합성저항」** 입니다.
합성저항이란 **복수의 저항을 1개로 합친** 것입니다.
이것으로 계산이 편리해졌습니다!

 편리해져서 좋네요!

 네. 편리해진 합성저항을 계산하는 방법은 저항이 직렬 또는 병렬로 접속되어 있는지에 따라 다릅니다(직렬과 병렬에 대해서는 23쪽 참조).
「직렬」의 합성저항은 이같이 합하는 것뿐입니다.

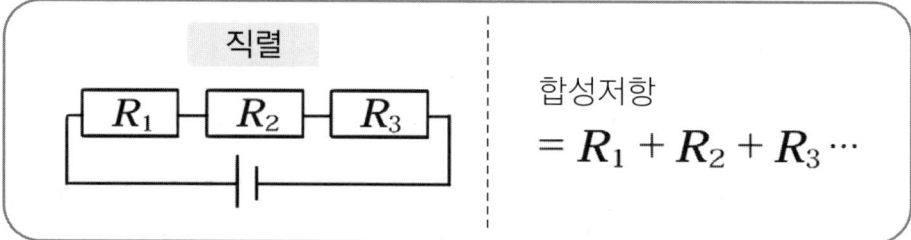

 오오~ 간단하네요.

 **「병렬」의 합성저항**은 조금 복잡합니다.

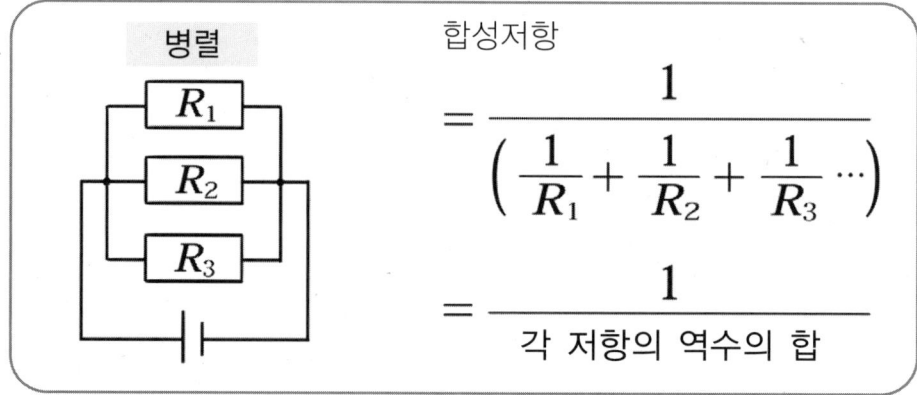

 음. 정말 복잡하네요.

 하지만 병렬접속이고 저항이 2개뿐일 때 사용할 수 있는 편리한 공식도 있습니다. **「합분의 곱」**이라고 외워두세요.

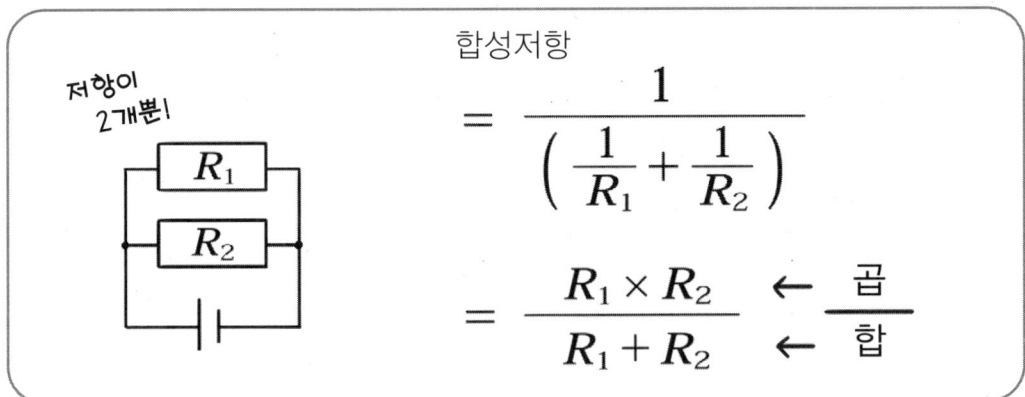

 흠. 즉, 회로를 잘 보고 계산방법을 잘 골라서 사용하라는 거군요.

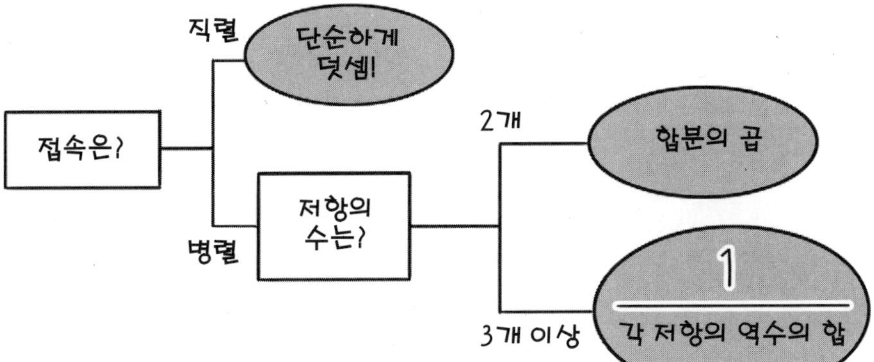

그럼, 이제 문제에 도전해봅시다!

옴의 법칙과 **키르히호프의 법칙**과 **합성저항**을 제대로 외워서 풀어봅시다.

으으. 불안하다…

제2장···방정식·부등식으로 풀 수 있는 전기회로 〈1〉 직류회로

 직류전원과 저항을 각각 정리하시오!

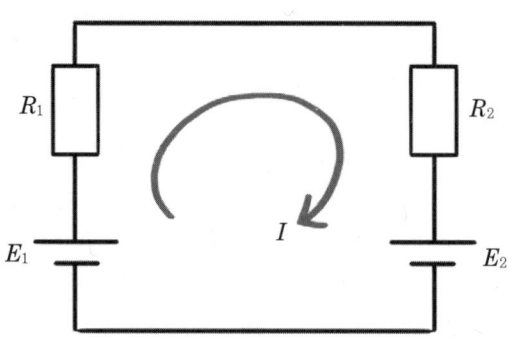

위 그림의 회로에서 흐르는 전류 I를 구하시오.
$E_1 = 4.5[V]$, $E_2 = 1.5[V]$, $R_1 = 2[\Omega]$, $R_2 = 1[\Omega]$으로 계산하시오.

자, 시작합니다!
문제를 풀 때, 우선 체크해야 할 것은 전원전압입니다(**직류인지 교류인지**).
저항의 연결도 중요합니다(**직렬인지 병렬인지**).
이번 문제에서는 전류의 방향은 결정되어 있지만, **전류의 방향**을 스스로 임시로 설정하거나, 계산하기 위해 폐루프를 그려 넣는 경우도 있습니다.

네?
전류의 방향을 제가 임시로 설정하라니 무슨 말이에요?

직류는 보통, 플러스에서 마이너스로 전류가 흐르지만, 교류는 항상 좌회전, 우회전으로 방향이 바뀝니다(33쪽 참조). 어느 쪽으로 돌든 상관없지만 어쨌든 처음에 방향을 정해두길 바랍니다.

그럼, 우선 2개의 직류전원을 확인합니다.
뭔가 눈에 띄는 게 없나요?

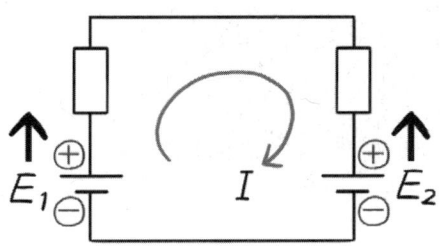

아! E_1의 직류전원과 E_2의 직류전원은 방향이 마주하고 있어요.
그럼 이 2개의 전원, 서로 없애버리는 건…

맞아요! **정해져 있는 전류의 방향에 반대 방향**이 E_2이므로 E_2에는 마이너스 부호를 붙입시다.
즉, $E_1 - E_2$가 2개의 직류전원을 정리한 것입니다.

그렇군요! 그러고 보니 저항도 정리할 수 있었죠?
2개의 저항은 직렬이니까 합성저항 $= R_1 + R_2$가 됩니다!

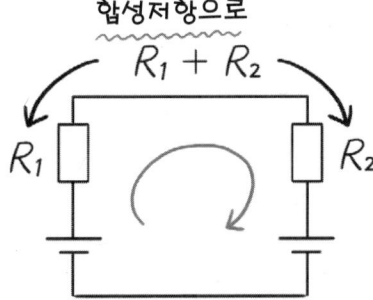

이걸로 직류전원도, 저항도 각각 1개로 정리했습니다. 여기에서 **키르히호프의 제2법칙**을 사용하면… 전원전압(E_1-E_2)＝저항$(R_1+R_2)\times$ 전류 I가 됩니다.

다음은 **방정식**을 정리해서 마지막으로 숫자를 대입해서 풀면 됩니다.
전기수학의 문제풀이에 익숙해지기 위해서 숫자를 대입하는 건 마지막에 합시다~

이 회로에서 키르히호프의 제2법칙을 적용하면,

$$E_1 - E_2 - R_1 I - R_2 I = 0$$

이다. 여기에서 구하고 싶은 것(미지수)은 전류 I이므로, 우선 <u>동류항을 정리해서</u>

$$E_1 - E_2 - (R_1 + R_2)I = 0$$

$$-(R_1 + R_2)I = -E_1 + E_2$$

로 만든 후, 양변을 $-(R_1+R_2)$로 나누면,

$$I = \frac{E_1 - E_2}{R_1 + R_2}$$

이므로, 이 식에 각각의 수치를 대입하면 아래와 같다.

$$I = \underbrace{\frac{E_1 - E_2}{R_1 + R_2}}_{\text{옴의 법칙}} = \frac{4.5 - 1.5}{2 + 1} = 1 \text{(A)}$$

즉, 이 회로를 1개의 직류전원과 1개의 저항으로 정리하는 것으로 간단해지는 거군요!

네! 전류 I를 구하기 위해 방정식을 정리하다보면 자연스럽게 옴의 법칙의 형태가 만들어집니다.

 방정식의 풀이방법도 확실히 알아둡시다.

$5x+7=7x+3$을 푸시오.

【풀이】

우선, x가 붙은 항(이를 미지수라 함)을 좌변으로 이항하여, x가 붙지 않은 항(이를 상수항이라 함)을 우변으로 이항한다.

$5x-7x=3-7$

다음으로 이를 간단하게 만들면,

$-2x=-4$

이므로, 양변을 -2로 나누면,

$x=2$

가 되며, 이것이 답이 된다.

 예제 문제에서는 x의 계수(x 앞에 있는 수)는 처음부터 정수였지만, x의 계수에 분수나 소수 등이 포함되어 있는 경우에는, 등식의 양변에 적당한 수를 곱하여, 계수를 정수로 만들어야 신속하고 실수없이 풀 수 있습니다.

제2장···방정식·부등식으로 풀 수 있는 전기회로 〈1〉 직류회로

2. 연립방정식을 사용한 직류회로 문제

● 연립방정식과 행렬

그럼, 다음은 어제도 나왔던 **연립방정식**입니다.

연립방정식은 미지수를 구하는데 꼭 필요하죠.

$$\begin{cases} 3x + y = 5 \\ -x + 2y = -4 \end{cases}$$

그렇죠.

아… 또 이거 때문에 괴로워해야 되나…

보기도 싫어

오늘은 연립방정식을 싫어하는 진구씨를 위해 연립방정식을 풀 때 유효한 방법을 가르쳐드리겠습니다.

그건 식을 『행렬』로 나타내는 방법입니다.

행렬?

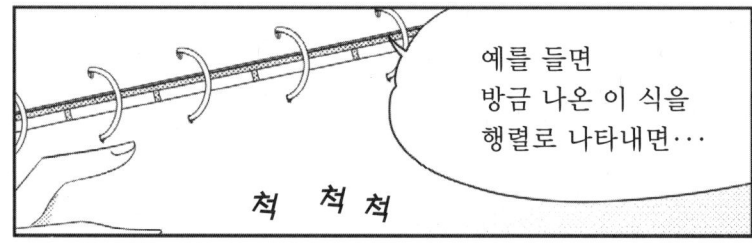

예를 들면 방금 나온 이 식을 행렬로 나타내면…

이렇게 됩니다.

$$\begin{pmatrix} 3 & 1 \\ -1 & 2 \end{pmatrix} \begin{pmatrix} x \\ y \end{pmatrix} = \begin{pmatrix} 5 \\ -4 \end{pmatrix}$$

아~ 어디선가 본 것 같아요.

● 행렬과 행렬식

우선, 행렬을 만드는 방식에 대해 설명하겠습니다.
방금 전에도 설명한 것과 같이 행렬은 이런 식으로 만듭니다.

$$\begin{cases} 3x + y = 5 \\ -x + 2y = -4 \end{cases}$$

$$\begin{pmatrix} 3 & 1 \\ -1 & 2 \end{pmatrix} \begin{pmatrix} x \\ y \end{pmatrix} = \begin{pmatrix} 5 \\ -4 \end{pmatrix}$$

흠. 뭐 어떻게 대응하는지는 보니까 알겠네요.

$$\begin{pmatrix} 3 & 1 \\ -1 & 2 \end{pmatrix} \begin{pmatrix} x \\ y \end{pmatrix} = \begin{pmatrix} 5 \\ -4 \end{pmatrix}$$

(x항, y항)

그럼, 특히 연립방정식을 풀 때 중요한 건 『**행렬식**』입니다.
행렬은 단순한 숫자의 배열입니다.
행렬식은 **행렬을 편리하게 취급하기 위한 식**이라고 생각해주세요.

아. 그 행렬식을 잘 사용하면 연립방정식을 풀 수 있다는 건가요?

맞습니다. 그런 거예요. 행렬식을 사용해서 연립방정식을 푸는 방법을 **행렬법**이라 합니다. 이렇게 하면 매우 빠르게 계산할 수 있어요.

오오~ 그럼, 그 행렬식이나 행렬법을 꼭 알아두어야겠군요.

● 행렬식이란 무엇인가?

그럼, 아래의 2가지 식을 예로 들어 설명하겠습니다.
이 2가지 식에서 x와 y는 **미지수**입니다.
그 밖에는 **기지수**(既知數)라 하여, 이미 알고 있는 수라고 생각하십시오.

$$\begin{cases} a_1 x + b_1 y = d_1 \\ a_2 x + b_2 y = d_2 \end{cases}$$

$x, y \to$ 미지수
$a_1, a_2, b_1, b_2, d_1, d_2 \to$ 기지수

흠. $3x+1y=5$를 예로 들면, x와 y는 미지수이고,
그 밖의 3과 1과 5는 기지수라는 거군요.

그럼, 이 두 식을 행렬로 나타내면, 이와 같습니다.

주목! $\begin{pmatrix} a_1 & b_1 \\ a_2 & b_2 \end{pmatrix} \begin{pmatrix} x \\ y \end{pmatrix} = \begin{pmatrix} d_1 \\ d_2 \end{pmatrix}$

주목해야 할 부분은 가장 왼쪽에 있는 부분입니다.
이 부분을 토대로 **행렬식**을 만듭니다. 그게 이겁니다. 짜잔.

$$\Delta = \begin{vmatrix} a_1 & b_1 \\ a_2 & b_2 \end{vmatrix}$$

행렬식의 형태

어라, 잠깐만요! 하나도 모르겠어요.
그 삼각형은 뭔가요? 왜 (괄호)가 직선이 된 건가요?
x와 y, d_1, d_2는 어디로 가 버린 거예요!??

후후후. 삼각형은 Δ(델타)라고 하며, 행렬식을 나타내는 기호입니다.
미분적분에서도 델타 기호를 사용합니다만 그것과는 전혀 관계가 없습니다.
(※ 행렬식은 영어로 determinant라 하며, [det]나 [D]로 행렬식을 나타내는 경우도 있습니다)

괄호가 직선이 된 것도 행렬식의 기호라고 생각하십시오.
또, x와 y가 없어진 것에 대해서는 행렬의 규칙을 잘 생각하면 이해가 될 것입니다.

$$\Delta = \begin{vmatrix} a_1 & b_1 \\ a_2 & b_2 \end{vmatrix}$$

(x항, y항)

봐요. 배치를 잘 보면 어느 것이 x항인지, y항인지 이해가 되지요?
따로 적지 않아도 됩니다.

그, 그렇군요. 하지만 d_1과 d_2가 사라진 건 아직 해결되지 않았어요!
이건 사건이에요!

d_1과 d_2는… 나중에 사용할 거니까 괜찮아요~

뭐, 뭔가 굉장히 단순하네요.

어쨌든 행렬식은 Δ를 사용해서 이와 같이 표기합니다.
그리고 **2원 연립방정식**을 풀 때는 행렬식 Δ와, 행렬식 Δx(델타엑스)와 행렬식 Δy(델타와이), 이 3가지를 사용해서, 답을 이끌어냅니다.
(※ Δx는 Δ의 x항이라는 의미입니다. 마찬가지로 Δy는 Δ의 y항이라는 의미입니다)

Δx, Δy… 즉, 미지수라는 건가요!?

「**3원 연립방정식**」을 풀 때는 행렬식 Δz(델타제트)도 사용합니다. 참고로 $\Delta = 0$이 되는 **연립방정식은 답을 구할 수 없습니다.**

「**2원 연립방정식**」과 「**3원 연립방정식**」은 계산 과정도 다릅니다.
이제부터 각각의 계산 방법에 대해 설명하겠습니다!

● 행렬에 따른 2원 연립방정식의 풀이방법

 그럼, 방금 전과 같이 이 식으로 '2원 연립방정식'을 풀어 봅시다.
이번에는 이해가 잘 가도록 표도 준비했습니다.

d_1과 d_2는 미지수 x나 y가 붙지 않습니다.
이런 것을 '상수항'이라 합니다.

$$\begin{cases} a_1 x + b_1 y = d_1 & \cdots \text{ (1)} \\ a_2 x + b_2 y = d_2 & \cdots \text{ (2)} \end{cases}$$

표로 만들면…

	x항	y항	상수항
(1)식	a_1	b_1	d_1
(2)식	a_2	b_2	d_2

 그럼, 행렬식은 x항과 y항에 주목해서 이런 느낌이겠군요.

$$\Delta = \begin{vmatrix} a_1 & b_1 \\ a_2 & b_2 \end{vmatrix}$$

 그럼 이제 계산을 해봅시다. 외우는 방법은 『(오른쪽 아래와 곱한 것)-(오른쪽 위와 곱한 것)』으로 엑스자로 외우면 됩니다.

 네?
엑스자요?

 여기에서 생각해야 될 것은 엑스자로 교차되어 있는 것입니다.

제2장…방정식·부등식으로 풀 수 있는 전기회로 〈1〉직류회로

 실은 행렬식 계산은 이렇게 합니다.
우선 행렬식 Δ를 구해봅시다!

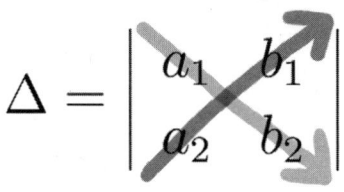

곱해서 $-$인 부호

곱해서 $+$인 부호

$$\Delta = \begin{vmatrix} a_1 & b_1 \\ a_2 & b_2 \end{vmatrix}$$

$$= \underline{a_1 b_2} - \underline{a_2 b_1}$$

 아,
확실히 『(오른쪽 아래와 곱한 것)−(오른쪽 위와 곱한 것)』이네요!

 그럼, 다음은 행렬식 Δx와 행렬식 Δy를 구해봅시다!
Δx를 구할 때는 『x항』에 『상수항』을 삽입
Δy를 구할 때는 『y항』에 『상수항』을 삽입합니다.

 상수항이라는 건 d_1과 d_2지요!
나중에 제대로 사용한다고 말씀하셨죠.

 d_1과 d_2가 활약하는 순간을 잘 보세요.
Δx를 구할 때는 『x항』에 『상수항』을 삽입합니다.

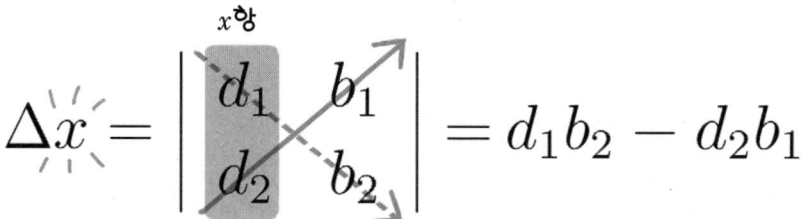

$$\Delta x = \begin{vmatrix} d_1 & b_1 \\ d_2 & b_2 \end{vmatrix} = d_1 b_2 - d_2 b_1$$

 오오, x항을 상수항에게 뺏겼어요!

네. 마찬가지로 Δy를 구할 때는 『y항』에 『정수항』을 삽입합니다.

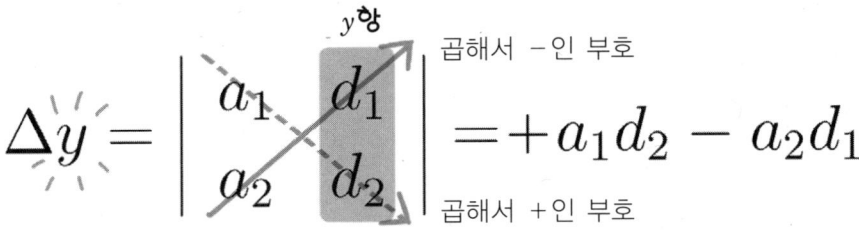

자, 이걸로 Δ와 Δx와 Δy를 구했습니다.
미지수 x와 y를 구하기 위해서는 이제 어떻게 해야 할까요?

오오, 여기까지 풀면 저도 할 수 있어요!
Δx와 Δy를 Δ로 나누면 x와 y가 돼요.

$$x = \frac{\Delta x}{\Delta} = \frac{d_1 b_2 - d_2 b_1}{a_1 b_2 - a_2 b_1} \qquad \text{Δx를 Δ로 나눈다!}$$

$$y = \frac{\Delta y}{\Delta} = \frac{a_1 d_2 - a_2 d_1}{a_1 b_2 - a_2 b_1} \qquad \text{Δy를 Δ로 나눈다!}$$

맞습니다. 이걸로 x와 y의 수치가 나왔습니다!
행렬법으로 2원 연립방정식을 풀 수 있다는 거예요.

오~ 그렇군요! 하지만 이 계산이 정말 빠르긴 하나요?

이번에는 푸는 방식을 천천히 세심하게 설명해서 시간이 좀 걸렸습니다만
익숙해지면 답을 빨리 구할 수 있을 거예요.
연습문제가 준비되어 있으니 바로 풀어봅시다~

네엣!!?

수학예제 행렬법으로 2원 연립방정식을 풀어봅시다.

$$\begin{cases} 3x + y = 5 \\ -x + 2y = -4 \end{cases}$$

【풀이】

$$\begin{pmatrix} 3 & 1 \\ -1 & 2 \end{pmatrix} \begin{pmatrix} x \\ y \end{pmatrix} = \begin{pmatrix} 5 \\ -4 \end{pmatrix}$$

Δ 델타　　　　　　　　　상수항

이라고 적는 것으로부터, 행렬에 따른 표현이 가능하다는 것을 이용한다.

$$x = \frac{\Delta x \begin{vmatrix} 5 & 1 \\ -4 & 2 \end{vmatrix}}{\Delta \begin{vmatrix} 3 & 1 \\ -1 & 2 \end{vmatrix}} = \frac{5 \times 2 - 1 \times (-4)}{3 \times 2 - 1 \times (-1)} = \frac{10 + 4}{6 + 1} = \frac{14}{7} = 2$$

(오른쪽 아래와 곱한 것)
−(오른쪽 위와 곱한 것)의
계산을 각각 하고 있습니다.

$$y = \frac{\Delta y \begin{vmatrix} 3 & 5 \\ -1 & -4 \end{vmatrix}}{\Delta \begin{vmatrix} 3 & 1 \\ -1 & 2 \end{vmatrix}} = \frac{3 \times (-4) - 5 \times (-1)}{3 \times 2 - 1 \times (-1)} = \frac{-12 + 5}{6 + 1} = \frac{-7}{7} = -1$$

이 같이 $x = 2$, $y = -1$이 답이 됩니다.

아~! 확실히 익숙해지면 편리하겠군요.

● 행렬에 따른 3원 연립방정식의 풀이방법

 미지수가 3개인 '**3원 연립방정식**'도 보기에는 조금 복잡해보일지도 모르지만, 기본적인 원리는 같습니다.

 으… 그렇게 복잡한가요??

 아니요. 방식만 알면 간단해요!
방금 전 2원 연립방정식의 행렬식은 이런 식으로 계산했죠?

$$\Delta = \begin{vmatrix} a_1 & b_1 \\ a_2 & b_2 \end{vmatrix} = a_1 b_2 - a_2 b_1$$

3원 연립방정식의 행렬식은 미지수가 3개로 늘어나 이렇게 계산해야 합니다!

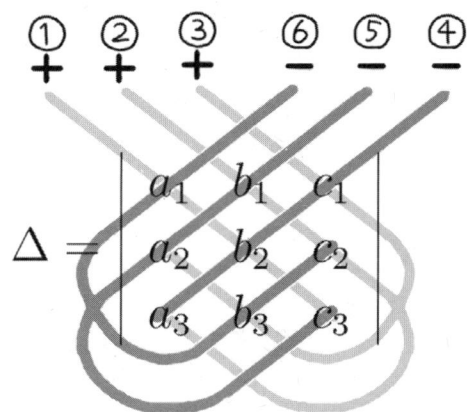

 이것도 『(오른쪽 아래와 곱한 것)-(오른쪽 위와 곱한 것)』으로 엑스자의 모습입니다.
익숙해지면 쉬운데 처음에는 조금 당황스럽죠~

 …. 당황은 커녕 완전 하기 싫어졌어요.

그렇게 얘기하지 말고 실제로 풀어봅시다!
사고방식은 2원 연립방정식과 같습니다. 이 식으로 행렬식을 만들어 보세요.

$$\begin{cases} a_1x + b_1y + c_1z = d_1 \cdots (1) \\ a_2x + b_2y + c_2z = d_2 \cdots (2) \\ a_3x + b_3y + c_3z = d_3 \cdots (3) \end{cases}$$

	x항	y항	z항	상수항
(1)식	a_1	b_1	c_1	d_1
(2)식	a_2	b_2	c_2	d_2
(3)식	a_3	b_3	c_3	d_3

 그럼, x항과 y항과 z항에 주목해서…. 이렇게 되는 군요.

$$\Delta = \begin{vmatrix} a_1 & b_1 & c_1 \\ a_2 & b_2 & c_2 \\ a_3 & b_3 & c_3 \end{vmatrix}$$

 그럼, 방금 전에 배운 요령으로 행렬식을 계산해보세요.
진구씨 얼른~

 으으으. 으음… 이렇게 풀었는데 어때요?

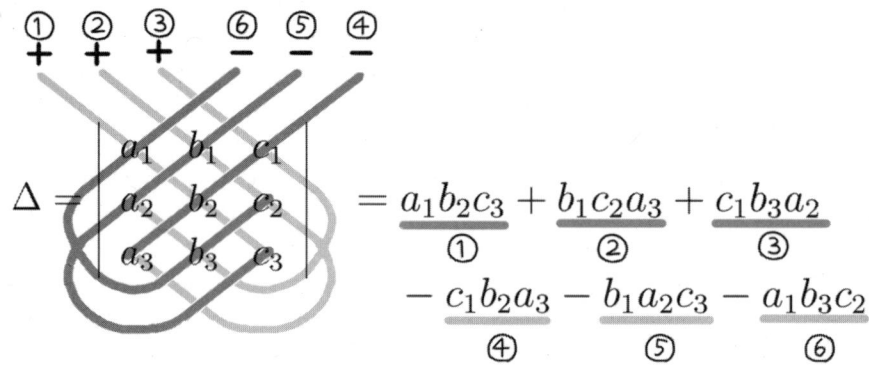

 잘했습니다! 계산방법은 이제 알겠죠? 다음 순서는 2차 방정식과 같습니다.
행렬식 Δ 외에 행렬식 Δx와 행렬식 Δy와 행렬식 Δz를 구할 수 있습니다.

 Δx를 구할 때는 『x항』에 『상수항』을 삽입
Δy를 구할 때는 『y항』에 『상수항』을 삽입
Δz를 구할 때는 『z항』에 『상수항』을 삽입하는 거죠!?

$$\Delta = \begin{vmatrix} a_1 & b_1 & c_1 \\ a_2 & b_2 & c_2 \\ a_3 & b_3 & c_3 \end{vmatrix} \quad \Delta x = \begin{vmatrix} \boxed{d_1} & b_1 & c_1 \\ \boxed{d_2} & b_2 & c_2 \\ \boxed{d_3} & b_3 & c_3 \end{vmatrix} \overset{x항}{}$$

$$\Delta y = \begin{vmatrix} a_1 & \boxed{d_1} & c_1 \\ a_2 & \boxed{d_2} & c_2 \\ a_3 & \boxed{d_3} & c_3 \end{vmatrix} \overset{y항}{} \quad \Delta z = \begin{vmatrix} a_1 & b_1 & \boxed{d_1} \\ a_2 & b_2 & \boxed{d_2} \\ a_3 & b_3 & \boxed{d_3} \end{vmatrix} \overset{z항}{}$$

 네, 맞아요. 이걸 각각 계산해서…

 그리고 나서 Δx, Δy, Δz를, 각각 Δ로 나누면 x와 y와 z가 되는 건가요?
그럼 미지수를 전부 알 수 있겠군요!

 네. 그렇습니다.
나중에 전기수학 문제에서 3원 연립방정식을 행렬법으로 풀어봅시다~

아, 그런데 깜박하고 얘기하지 않은 게 있는데 저 풀이방법은 정식으로는 **『사루스의 법칙**(Rule of Sarrus)**』**이라고 합니다.

 제, 제대로 된 이름이 있었군요. 진작 가르쳐 주시지.

 미안해요.

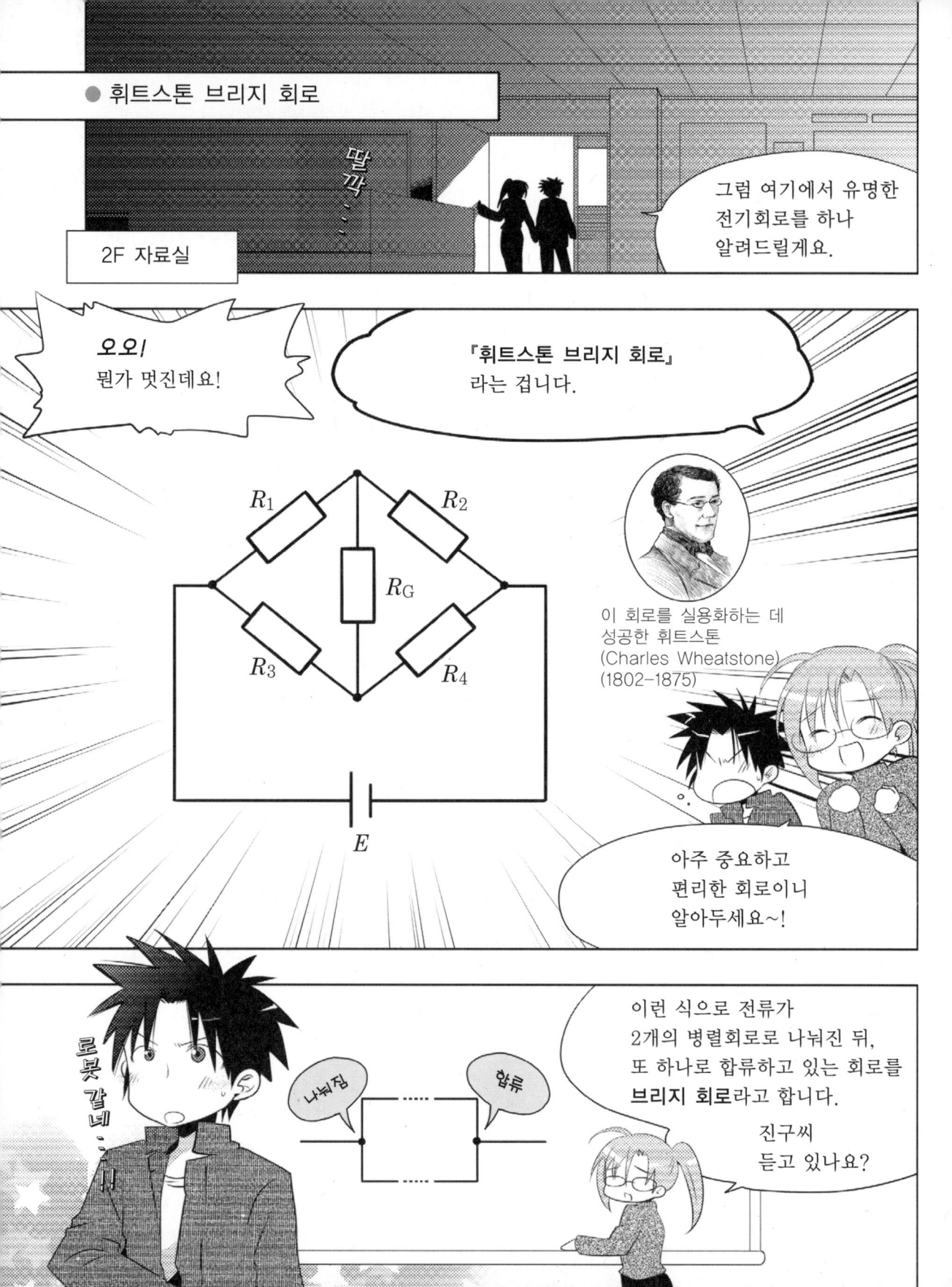

 **문제** 폐루프를 보고 연립방정식을 만드시오!

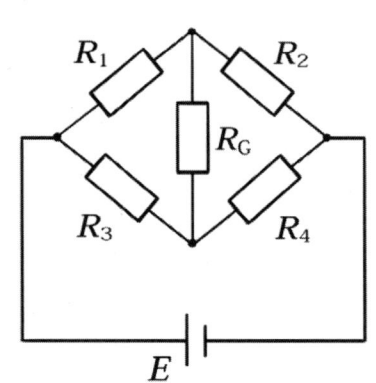

이 휘트스톤 브리지 회로의 평형조건을 구하시오.

CHECK!
평형조건이란 중간 지점의 검류계 저항 R_G에 흐르는 전류가 0이 되는 조건을 가리킵니다.

 **풀이**

적(敵)이란 무엇인지 알아봅시다. 이 문제의 목적은 중간 지점의 R_G에 흐르는 전류가 0이 되는 조건을 찾으면 됩니다.

그럼, 여기에서 한번 『전기회로의 풀이방법』을 정리하겠습니다.
우선 전원전압(직류인지 교류인지)과 연결(직렬인지 병렬인지)을 확인합니다.
그리고 나서는…

【STEP 1】 전류의 방향을 설정한다.
【STEP 2】 회로 속에 몇 개의 폐루프를 찾는다.
【STEP 3】 각각의 폐루프를 거슬러 올라가 키르히호프의 법칙(전류법칙이나 전압법칙)을 적용한다.
【STEP 4】 법칙을 적용하여 몇 개의 연립방정식이 만들어지면 푼다.

이런 식으로 풀 수 있습니다.
그래서 이 회로에도 폐루프를 찾아 써봅시다!

음… 폐루프를 결정할 때 무슨 요령이 있나요?

문제를 잘 읽고, 무엇을 구할 수 있는지를 생각해봅시다.
이번 경우에는 R_G를 포함한 폐루프는 꼭 필요하죠?
또, 조건을 구하는 문제이므로, R_1, R_2, R_3, R_4, E 등, 모든 요소를 폐루프에 포함시킵니다.

자, 그럼 이렇게 하는 건 어때요?
루프 ① … 직류전원 E ~ 저항 R_1 ~ 저항 R_2 ~ 직류전원 E
루프 ② … 직류전원 E ~ 저항 R_3 ~ 저항 R_4 ~ 직류전원 E
루프 ③ … 저항 R_1 ~ 저항 R_G ~ 저항 R_3 ~ 저항 R_1

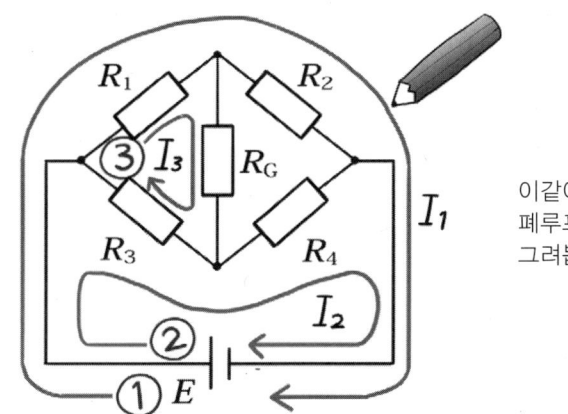

이같이 스스로 폐루프를 그려봅시다!

완벽해요! 그럼 3개의 폐루프에 흐르는 전류를 각각 I_1, I_2, I_3라 합시다. 여기에서 다시 문제를 봐주세요.

아…! 『R_G에 흐르는 전류가 0이 되는 조건』은 바꿔 말하면 『I_3 = 0이 되는 조건』이라는 게 되는 군요!

맞습니다! 우리들은 I_3가 어떤 식이 될지, 이제부터 계산해서 알아보는 겁니다.
폐루프에 키르히호프의 법칙을 적용해서 연립방정식을 만듭니다.
I_1, I_2, I_3, 이 3가지를 미지수라 생각하면… 3원 연립방정식!
방금 배운 '**사루스의 법칙**'이 나올 차례입니다~

 해답

우선, 폐루프 1에 대해 키르히호프의 제2법칙을 적용하면,

$$전원전압\ E = R_1(I_1+I_3) + R_2I_1$$
$$= (R_1+R_2)I_1 + R_1I_3$$

다음으로 폐루프 2에 대해 키르히호프의 제2법칙을 적용하면,

$$전원전압\ E = R_3(I_2-I_3) + R_4I_2$$
$$= (R_3+R_4)I_2 - R_3I_3$$

또, 폐루프 3에 대해 키르히호프의 제2법칙을 적용하면,

합이 0! $$0 = R_1(I_1+I_3) + R_GI_3 + R_3(-I_2+I_3)$$
$$= R_1I_1 - R_3I_2 + (R_1+R_G+R_3)I_3$$

이들 3개의 식을 정리하면,

$$\begin{cases} E = (R_1+R_2)I_1 & & +R_1I_3 \\ E = & (R_3+R_4)I_2 & -R_3I_3 \\ 0 = R_1I_1 & -R_3I_2 & +(R_1+R_G+R_3)I_3 \end{cases}$$

이라는 I_1, I_2, I_3의 연립방정식을 세울 수 있습니다.

CHECK!
이 다음은 사루스의 법칙을 사용해서 3원 연립방정식을 풉니다. 익숙하지 않을 때는 이 같이 표를 만드는 것도 추천합니다.

I_1의 항	I_2의 항	I_3의 항	상수항
R_1+R_2	0	R_1	E
0	R_3+R_4	$-R_3$	E
R_1	$-R_3$	$R_1+R_G+R_3$	0

I_3을 구하면 다음 식과 같습니다.

$$I_3 = \frac{\Delta I_3 \begin{vmatrix} R_1 + R_2 & 0 & E \\ 0 & R_3 + R_4 & E \\ R_1 & -R_3 & 0 \end{vmatrix}}{\Delta \begin{vmatrix} R_1 + R_2 & 0 & R_1 \\ 0 & R_3 + R_4 & -R_3 \\ R_1 & -R_3 & R_1 + R_G + R_3 \end{vmatrix}}$$

(3원 연립방정식의 행렬법에 의한 풀이방법은 85쪽 참조)

$$= \frac{-\{R_1(R_3 + R_4) - R_3(R_1 + R_2)\}E}{(R_1 + R_2)(R_3 + R_4)(R_1 + R_G + R_3) - R_1^2(R_3 + R_4) - R_3^2(R_1 + R_2)}$$

$$= \frac{(R_2 R_3 - R_1 R_4)E}{(R_1 + R_2)\{(R_3 + R_4)(R_1 + R_G + R_3) - R_3^2\} - R_1^2(R_3 + R_4)}$$

$I_3 = 0$으로 만들기 위해서는 이 식의 분자인 $(R_2R_3 - R_1R_4)E = 0$이 성립하면 된다.

전원전압이 0이면, 문제가 성립하지 않는다.

하지만 $E \neq 0$ 이므로, $R_1R_4 - R_2R_3 = 0$이 된다.

따라서 $R_1 R_4 = R_2 R_3$

다 풀었습니다. 아, 힘들다.

후후후. 수고하셨어요! 그럼 여기서 알아낸 $R_1R_4 = R_2R_3$의 식을 토대로 휘트스톤 브리지 회로가 어떻게 성립하는지 설명할게요.

● 휘트스톤 브리지 회로의 평형조건

 문제를 푼 결과 $R_1R_4=R_2R_3$이라는 식이 나왔죠?
실은 이건 통째로 외우기만 하는 경우가 많은 식인데 이렇게 증명할 수 있게 돼서 기뻐요.

 저 그런데… 결국 이 회로는 어떻게 편리하다는 건가요??

 후후. 모르겠어요? 이 식이 성립한다는 건…
R_1, R_2, R_3, R_4 중 3개의 수치를 알면, 나머지 1개의 수치도 알 수 있다는 거예요.

미지의 저항을 포함한 4개의 저항을 이같이 배치해서 **중간 지점의 전류가 0이 되게 조절하는 것**으로, 미지의 저항의 수치를 정확하게 측정할 수 있습니다! 멋지지요~!!

 ……. 저, 의문이 많은데요…
전류가 0이 되도록 자잘하게 조절하는 건 엄청 귀찮은 일인데 이게 정말 편리한 게 맞는 건가요? 그 밖에 저항을 측정하는 방법은 없나요?

 네. 바로 저항치를 측정할 수 있는 테스터라는 것도 있습니다.

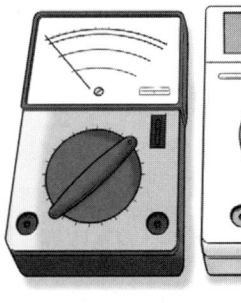
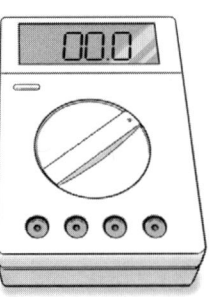

바늘의 눈금이나 디지털 수치로
바로 수치를 알 수 있습니다.

하지만 테스터로 측정한 것보다 휘트스톤 브리지 회로로 측정하는 게 훨씬 정확합니다.

 네!? 정말요?

테스터 측정법은 **『편위법(偏位法)』**, 브리지 회로의 측정법은 **『영위법(零位法)』**이라 합니다. 편위법보다 영위법이 훨씬 고정밀도로 측정할 수 있습니다.
편위법은 저울, **영위법**은 천평칭으로 예를 들거나 합니다.

빠르다!
쉽다!

힘은 들지만
정밀도가 높다

편하다

천평칭

아! 그리고 보니 방금 전 브리지 회로는 마치 천평칭 같네요.
딱 균형이 맞았을 때, 중간 지점이 0이 되는 느낌으로.

맞습니다. 정리하면 이렇습니다~

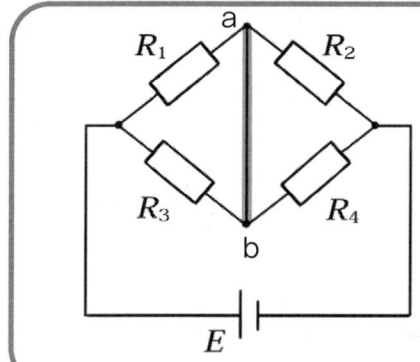

$R_1R_4 = R_2R_3$

가 성립했을 때,
a점과 b점 사이에 전압차는 없다
= a-b 사이에 전류는 흐르지 않는다
= 전류나 전압의 수치가 0이 된다
= 평형이다

평형조건의 **『평형』**이라는 단어는 원래 '균형이 맞아 변하지 않는 상태' 라는 의미입니다.

아~ 그렇군요. 이 회로는 **천평칭의 역할을 하고 정밀도가 높은 측정회로**라는 거군요.
왠지 뭐가 편리하다는 건지 알게 되었어요!

그렇죠? 아주 멋진 회로예요. 이 휘트스톤 브리지 회로의 평형조건은 자주 볼 수 있는 문제입니다. 특징을 외워두세요!

3. 부등식 문제

● 부등식의 성질

 그럼, 마지막으로 **부등식**에 대해 설명하겠습니다.
진구씨는 부등식을 본 적 있나요?

 당연하죠.

 혹시 모르니까 복습해두겠습니다.
부등식이란 2개의 수나 식의 대소관계를 나타낸 것으로,
대충 말하자면 다음과 같습니다.

- $a < b$ a는 b보다 작다
- $a > b$ a는 b보다 크다
- $a \leq b$ a는 b 이하이다(b와 같은 경우도 있다).
- $a \geq b$ a는 b 이상이다(b와 같은 경우도 있다).

여기에서 $<$, $>$, $\leq$, $\geq$의 기호를 『**부등호**』라 한다.

 음, 알겠습니다.

 그럼 어떻게 계산할까요? 제대로 기억하고 있나요?
부등식에는 다음과 같은 3가지 성질이 있습니다.

부등식의 3가지 성질

1 부등식 양변에 『같은 수』를 더하거나 빼도 부등호의 방향은 바뀌지 않는다.
$a<b$일 때 $a+c<b+c$, $a-c<b-c$

2 부등식 양변에 『양수』를 곱하거나 나눠도 부등호의 방향은 바뀌지 않는다.
$a<b, c>0$일 때 $ac<bc$, $\dfrac{a}{c}<\dfrac{b}{c}$

3 부등식 양변에 『음수』를 곱하거나 나누면 부등호의 방향은 반대가 된다.
$a<b, c<0$일 때 $ac>bc$, $\dfrac{a}{c}>\dfrac{b}{c}$

 조, 조금 잊어버린 부분도 있는데 이제 다 생각났어요.
너무 간단해요! 이 정도는 쉬워요.

 …그렇게 쉽게 생각하면 자주 실수하게 돼요~

 윽!

 하지만 방심하지 않으면 부등식 문제는 잘 풀 수 있습니다.
부등식은 『100 이상 150 이하』 『100 미만』같이 **범위를 나타낼 수** 있어서, 전기수학 문제에서도 자주 나와요.

전기수학 문제에서 『…**의 범위를 나타내시오**』라고 하면 '아~ 부등식으로 답을 낼 수 있구나~' 라고 생각하세요.
바로 이런 느낌으로!!

 가, 갑자기 문제!?

 부등식에 주의해서 범위를 구하시오!

정격전류 10[A]인 퓨즈가 있다. 전원전압을 100[V]로 한 경우, 부하저항으로 적당한 크기의 범위를 나타내시오.

 우선, 용어에 대해 설명할게요. **정격**이라는 건 '정해진 한도'라는 것입니다. 즉, 정격전류 10A인 퓨즈라는 건

'전류 10A까지가 한계이고, 그걸 넘으면 퓨즈가 나간다'는 거죠?

 맞아요! 참고로 **부하저항은 저항을 생성하기 위한** 장치입니다. 예를 들면, 꼬마전구라는 부하는 밝게 비추는 일을 하는 동시에 저항도 생성하지만, 부하저항은 단순히 저항을 생성하는 것뿐입니다.

그러면… 그건 도움이 안 된다는…?

 아니요. 그거야말로 부하저항의 역할입니다~
고의로 저항을 생성하는 것으로 전류의 크기를 억제시킬 수 있습니다.
전류의 크기 조정이나 시험에 사용됩니다.

아, 옴의 법칙이었죠? 저항이 크면 전류는 작아진다! 부하저항의 크기가 일정 이상이면 퓨즈는 나간다는 건가.

이 경우에는 10[A]의 전류가 흐르면 퓨즈가 나간다고 생각해서, 전류는 10[A] 이하가 되도록 해야 한다. 따라서

$$I = \frac{E}{R}$$

$$\frac{E}{R} < 10 \text{ A}$$

가 되므로, 이 부등식을 만족시키는 저항 R의 수치의 범위를 구하면 된다. 이 부등식의 양변에 R을 곱하면,

$$E < 10R$$

이다. $E=100$을 대입하고, 미지수항인 R이 좌변에 오도록 다시 적으면,

$$10R > 100$$

따라서

$$R > 10 \text{ } \Omega$$

이 되므로, 10[Ω]보다 큰 수치가 되는 저항이 필요해진다.

전기돌이의 미니 지식 『퓨즈』

이미 알고 있는 사람도 많으리라 생각되지만 퓨즈는 사고를 방지하기 위한 부품입니다.

정격 이상의 전류가 흘렀을 때, 스스로 고장나 전기회로를 보호하여, 가열되거나 발화되는 것 등을 방지합니다.

'퓨즈가 나간다', '퓨즈가 끊겼다'는 경우에는 퓨즈 속의 금속선이 녹거나 끊어졌다는 뜻입니다.

● 1차 부등식

 방금 푼 퓨즈 문제는 **1차 부등식** 문제입니다.
'**차수**'에 대해서는 이 노트를 봐주세요.

차수에 대해서		
x … x가 1차 x^2 … x가 2차 x^3 … x가 3차 ↑ 차수라고 합니다	● 마이너스 차수 $x^{-1} = \dfrac{1}{x}$ $x^{-2} = \dfrac{1}{x^2}$	● 분수승 $x^{\frac{1}{2}} = \sqrt{x}$

 흠, 확실히 방금 전 미지수 R은 1차였어요.
그렇다는 건 미지수 R_2이라는 2차인 어려운 문제도 언젠가 나온다는 건가요?

 후후후. 그건 나중에 기대하세요.
그럼 마지막으로 **1차 부등식에서 주의**해야 할 점을 확인하고 매듭지읍시다~

$$ax + b > cx + d$$

이 부등식을 풀기 위해서는 x항을 좌변, 정수항을 우변에 정리한다.

$$(a - c)x > d - b$$

가 되므로 양변을 $a-c$로 나누면,

$$x > \dfrac{d-b}{a-c} \quad (a-c > 0 \text{인 경우}) \quad \cdots \textbf{양수}$$

$$x < \dfrac{d-b}{a-c} \quad (a-c < 0 \text{인 경우}) \quad \cdots \textbf{음수}$$

가 된다. 부등호의 방향은 a와 c와의 크고 작음에 따라 결정된다.
CHECK! 0으로 나눌 수는 없습니다. 즉, 이 경우 $a-c(\neq 0)$입니다.

 나누는 수가 플러스인지 마이너스인지가 포인트군요. 기억해 두겠습니다.

제3장

삼각함수와 벡터

제3장···삼각함수와 벡터

1. 교류를 다루기 위한 기초지식

● 교류는 복잡하다?

그럼 우선 몸을 따뜻하게 만들고 시작합시다.

우선, 전에 푼 문제는 직류였죠!?

네.

직류가 있으면 교류도 있지요.

그래서 오늘부터는 **교류**에 대해 설명하겠습니다!

직류

교류!

교류의 회로기호도는 원 속에 '파도 표시'가 있는 이미지입니다.

교류…

그러고 보니 분명히 처음에도 말씀하셨죠?

교류는 복잡하다고…

?

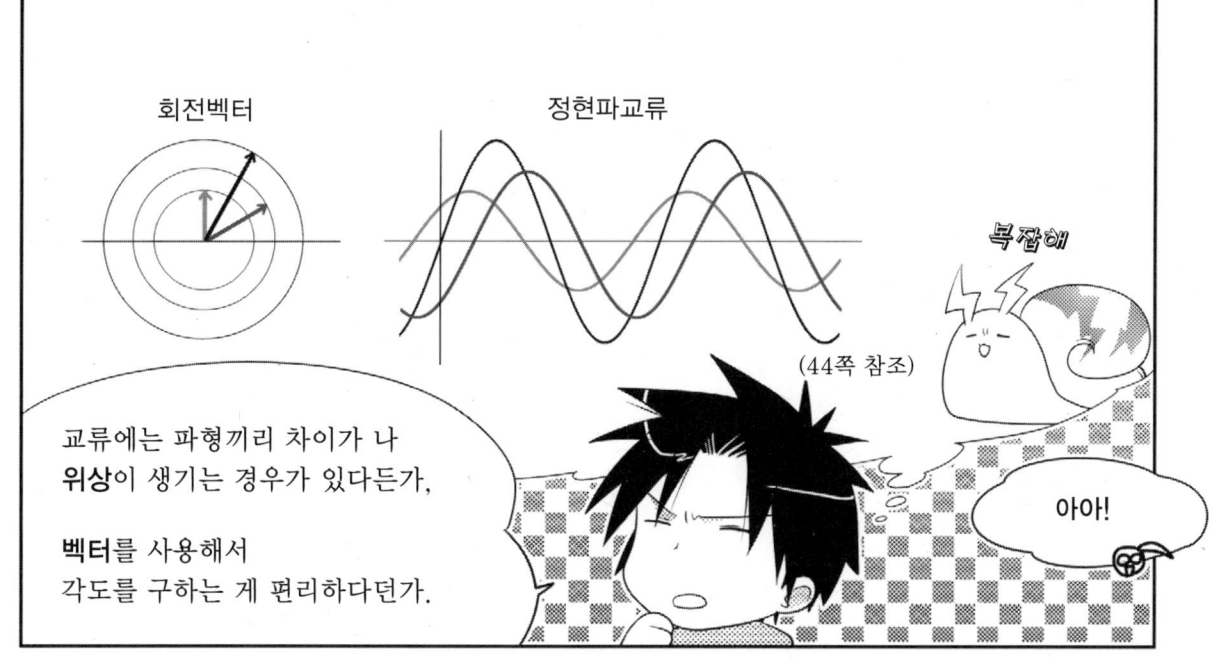

● 위상을 나타내는 벡터

우선, sin과 cos의 그래프를 떠올려 보십시오(31쪽 참조).
파형을 보면 2개의 그래프 형태가 같고, 90° 차이가 난다는 걸 알았습니다.
하지만 이번에 주목해야 할 부분은 **원운동**입니다.

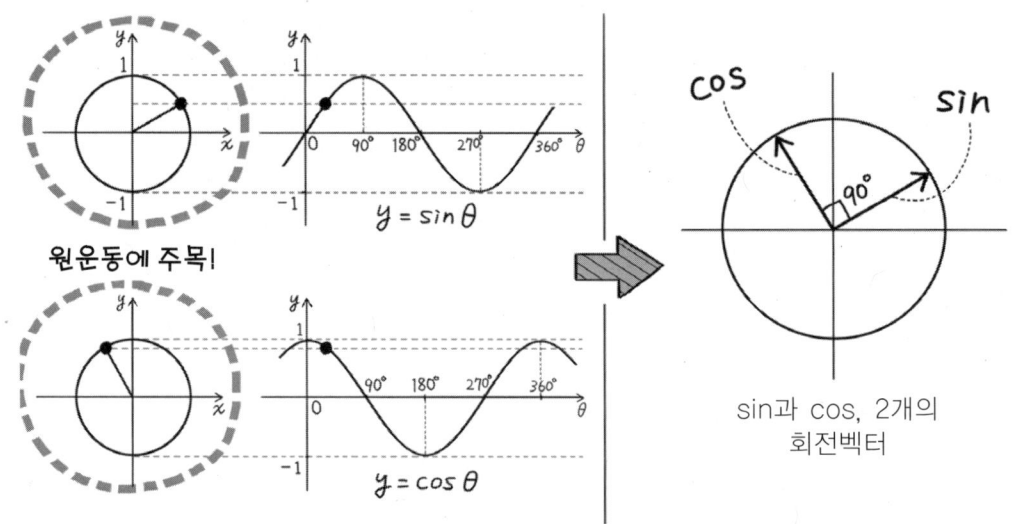

sin과 cos, 2개의
회전벡터

검은 곤돌라로 생각한 원운동을 그대로 **회전벡터**로 만들어 봅시다.
그리고 sin과 cos의 2가지 회전벡터를 같은 원에 두고 비교하면…?

아!『2개의 벡터 사이의 각도』는 **항상** 90°로 되어 있어요.
이 벡터 사이의 90°는 그대로 파형 그래프의 차이 90°이군요!

맞아요. 참고로 어느 벡터를 기준으로 해서『**정지 벡터**』로 만들면 벡터 사이의 각도가
더 보기 편해져 이해가 잘 됩니다.

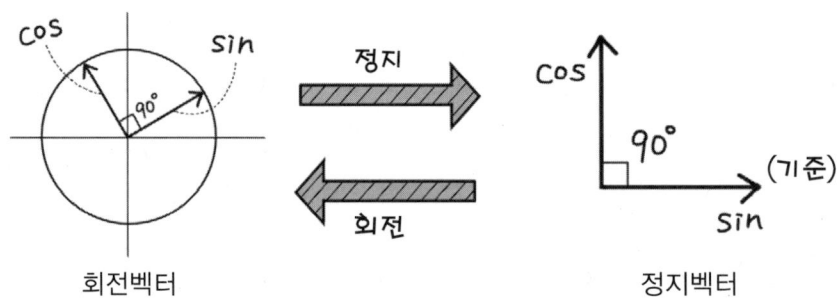

회전벡터   정지벡터

 파형의 차이…**위상을 벡터 사이의 각도로 찾는다는** 건 이런 겁니다.
이 벡터 사이의 각도를 『**위상각**』이라 해요.

 위상각이 말 그래도 위상의 차. 위상을 알기 위해서는 위상각을 보라는 말이군요!

 여기에서 주의해야 할 점이 벡터는 반드시 **좌회전(반시계 방향)**이라는 것입니다.
즉, 이 경우 cos이 sin보다도 90° 전진하고 있다는 것을 알 수 있습니다.
『cos은 위상이 90°만 전진하고 있다』고 할 수 있습니다.

 아아. 그러고 보니 지금까지 차이가 난다고만 생각했어요.
어느 쪽이 **전진하는지, 지연되는지**도 중요하군요.

 그렇습니다.
전진이나 지연은 파형으로는 판단하기 어려워 벡터가 편리합니다.
또, **벡터의 길이는 정현파의 최대치에 해당**하기 때문에 벡터가 긴 쪽이 최대치가 크다는 것입니다.
예를 들면, 어느 전압과 전류의 2가지 회전벡터를 봅시다.

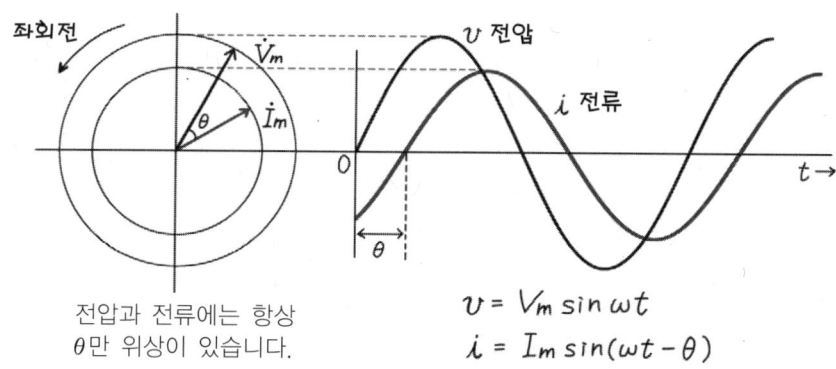

위상이 있고, 최대치도 다른 2개의 회전벡터의 모습

 그렇군요. 이런 회전벡터를 보면, 시계의 긴 바늘과 짧은 바늘이 연상되는데 성질은 전혀 다르군요.
벡터는 반드시 **반시계 방향**. 시계의 긴 바늘과 짧은 바늘은 시간과 함께 2개의 바늘 사이의 각도가 바뀌지만, 2개의 회전벡터 사이의 **각도는 항상 일정**하다….

 맞아요. 시계 바늘과는 전혀 달라요~ 꼭 외워두세요.

● 각도의 새로운 표시 방법

그럼, 위상의 크기를 정지 벡터로 나타내는 건 알죠?

네.
cos은 sin보다도 위상이 90° 전진했습니다.

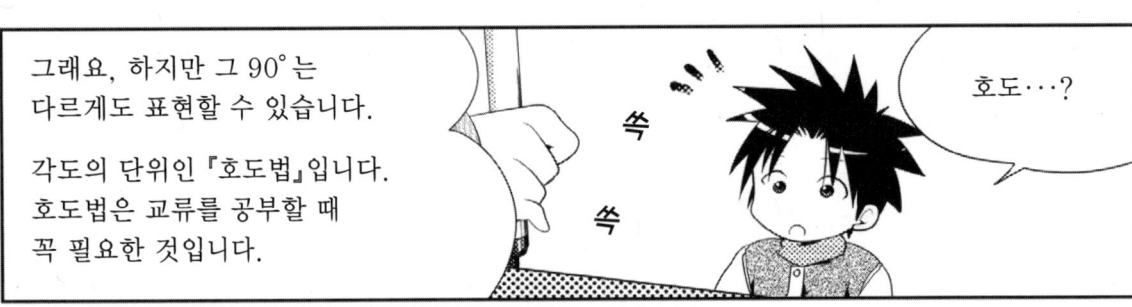

그래요, 하지만 그 90°는 다르게도 표현할 수 있습니다.

각도의 단위인 『호도법』입니다. 호도법은 교류를 공부할 때 꼭 필요한 것입니다.

호도…?

간단하게 말하면 0°부터 360°까지를 **주위의 길이로 표현하는 방법**입니다.

호도법
[rad] 라디안

단위는 [rad(라디안)] 입니다.

예를 들면, 90°를 호도법으로 나타내면 $\pi/2$가 됩니다.

전기의 세계에서는 『위상이 $\pi/2$ 진행된다』고 하는 경우도 많습니다.

$= \dfrac{\pi}{2}$

● 호도법

 교류를 다룰 때는 각도를 『호도법』으로 나타내는 경우가 많습니다.
꼭 익숙해지길 바랍니다~
(※ 호도법은 라디안법이라고도 합니다.)

 음, 익숙해지고 싶지만 정체불명이라 답답해요.
왜 각도가 π가 들어간 숫자가 되는 건가요? π는 원주율인데…

 우선 아래 그림을 봐주세요.
이건 **반지름 $r=1$인 단위원**입니다. 이 원의 **원주를 구하는 공식은 $2\pi r$**. 잊어버렸을지도 모르겠지만 원주를 구하는 공식은 초등학생 때 배웠을 것입니다.

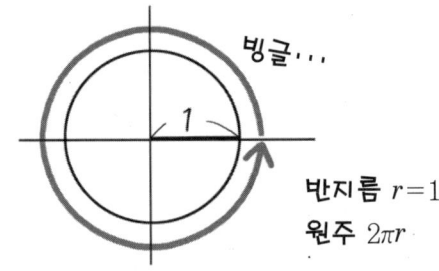

 흠. 뭐 공식은 잊어버렸었는데…
말씀하시는 게 뭔지는 알겠어요.

 그럼 $2\pi r$의 절반, πr의 경우를 생각해봅시다. 그림으로 보면…

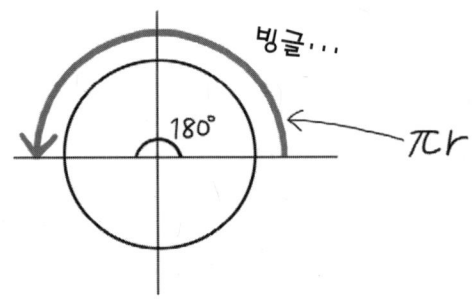

 180°라는 거군요. 아, 이건 반지름 $r=1$인 단위원.
$r=1$이니까 πr에 1을 대입하면 깔끔하게 π가 돼요!

맞아요! 그게 호도법을 표시하는 방법이에요.
단위는 [rad(라디안)]이고, 정리하면 이와 같습니다.

라디안 [rad]	$\dfrac{\pi}{6}$	$\dfrac{\pi}{4}$	$\dfrac{\pi}{3}$	$\dfrac{\pi}{2}$	π	2π
각도 [°]	30	45	60	90	180	360

각도와 라디안의 대응

오, 그렇군요! 이런 식으로 대응하는 군요.
180°=π라는 것만 알고 있으면, 다른 건 언제나 계산으로 도출해낼 수 있겠어요. 저…그런데 왜 구태여 호도법을 사용하는 건가요?

엄청 간단하게 말하면 수식으로 나타내거나 계산할 때 편리하기 때문입니다. 반대로 호도법을 사용하지 않으면 공식이 복잡해집니다.
단순한 예로 부채꼴 모양의 '호(弧)의 길이'의 공식에 호도법이 사용됩니다.

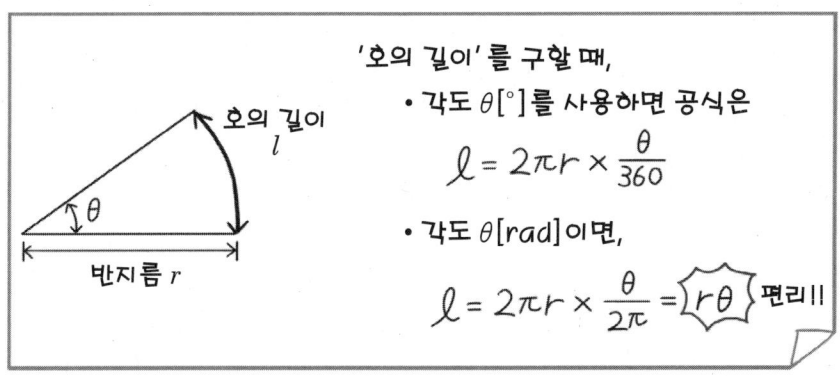

또, 전기수학에서 중요한 삼각함수의 미분적분 공식과도 관계있습니다.
익숙해지면 호도법은 편리하고 계산하기 쉬운 방법입니다.

아~ 공식은 간단해져서 좋고, 계산도 편리해져서 좋네요.
즉, 호도법은 안 외워두면 손해겠네요.

그래요. 선인의 지혜니까 우리들도 사용해봅시다!

● ω는 각속도 또는 각주파수

 ω(오메가)에 대해서 처음에 말했던 걸 기억하고 계시나요?

 네. 고양이 입 같은 ω는 『**각속도**』라 하여, 원주운동하고 있는 점이 1초 동안에 전진하는 각도를 나타내고 있습니다.

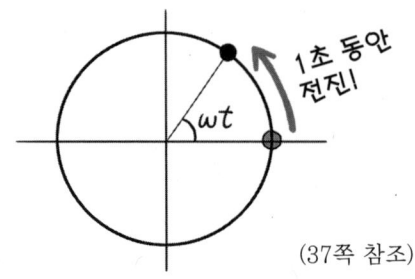

(37쪽 참조)

그래서 각속도 ω에, 시간 t[s(초)]를 곱하면 각도를 구할 수 있습니다.
ωt = **각도** θ라고 생각하고 외웠습니다.

 그렇군요. 여기서 ω의 단위는 [rad/s(라디안 매초)]라는 것을 기억해두세요. 즉, ω란 1초 동안 몇 라디안 전진했는가 하는 수치입니다.

 아, 라디안 [rad]은 방금 배운 호도법!
'몇 라디안 진행되는가?' = '얼마큼의 각도가 진행되었는가?' 라는 거죠.

 네. 여기에서 꼭 외워야 할 중요한 식은 이거예요!

$$\text{각도 } \theta = \text{각속도} \times \text{시간} = \omega t\,[\text{rad}]$$

 음, ω의 단위는 [rad/s]이니까 ωt의 단위는 [rad]이군요.

 그리고 지금부터 새로운 것을 배워봅시다~
실은 이 ω는 『**각속도**』임과 동시에 『**각주파수**』라고 합니다. 주파수라고 들어본 적 있지요?

1초 동안 1주기가 몇 번 반복하고 있는 지를 나타내는 수가 **'주파수'**, 기호는 f이고, 단위는 Hz(헤르츠)이지요?

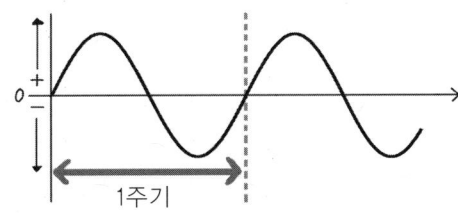

 맞아요. 또 **1주기는 원 한 바퀴**였지요?

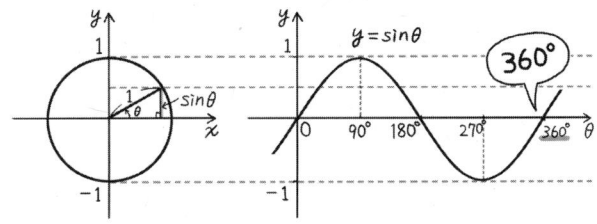

 흠, 그건 각주파수(각속도) ω가 크면 클수록 원을 한 바퀴 도는 속도가 빨라지고, 주파수 f의 수치도 커진다는 거군요!

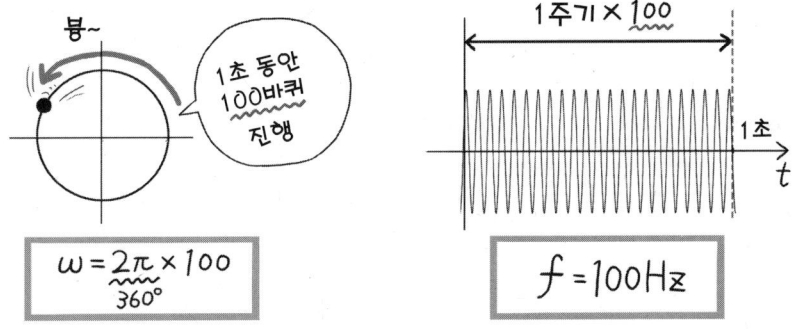

 네! 각주파수(각속도) ω와 주파수 f의 관계를 식으로 만들면 이와 같습니다. 이 2π는 원 한 바퀴 $360°$를 호도법으로 나타낸 것이에요.

각주파수(각속도) $\omega = 2\pi f\,[\text{rad/s}]$

 아~ ω와 f의 관계를 이렇게 간단하게 나타낼 수 있군요. **각속도**와 **각주파수**, 2개의 단어의 의미를 이제 알겠어요.

2. 교류에서 벡터의 사용방법

● 위상의 원인이란?

애초에 위상은 왜 일어나는 걸까요?

그럼 이제까지 위상은 어쩔 수 없이 설명하긴 했는데요.

아, 그러고 보니 왜죠?

그 위상의 원인이란 정확이 이 아이들 때문입니다.

코일과 콘덴서입니다!

코일

콘덴서

참고로 이 꼬마전구 같은 건 저항입니다.

이것들은 전기회로를 구성하는 부품으로 『소자』라는 것입니다.

소자… 요?

뭔가 많이 만들어왔네~

만들었습니다

● 코일의 특징

 우선 코일의 신변조사한 것을 보고하겠습니다. 끈질기게 수사한 끝에 여러 사실을 발견했습니다.

 신변조사라니…

 코일은 모터 속에도 들어 있고, 전류의 변화에 맞게 기전력(전원전압)을 발생시키는 역할을 합니다. 실은 코일은 상황이 변화하는 것을 매우 좋아합니다! 전류가 흐르면 코일에게는 역기전력이 발생합니다. 요컨대 원래의 전류와는 반대 방향의 전류를 새롭게 발생시킵니다~!

 헤에~! 코일은 엄청 대단한 녀석이군요.

 네. 이 성질이 **위상**의 원인이 되는 것입니다. 이쪽을 봐주세요.

회로	벡터(전압을 기준)	파형
코일 $\dot{I}$ [A] L [H] $\dot{V}$ [V]	$\dot{V}$ (기준) $\frac{\pi}{2}$ [rad] $\dot{I}$ 전류는 $\frac{\pi}{2}$ (90°) 지연	v, i 파형 그래프

 코일이 있으면 『전류』가 지연됩니다.
아주 간단하게 말하면, 코일이 반대 방향의 전류를 발생시켜서 원래의 전류가 좀처럼 흐르지 않아 지연되는 겁니다~
이 같은 상태를 전류 i는 전압 v에 대해 『**지연위상**』이라 합니다.

 또, 코일의 성질을 나타내는 용어가 『**인덕턴스**※』입니다.
(※ 코일은 영어로 inductor 인덕터라고도 합니다. ~턴스에 대해서는 122쪽 참조)

인덕턴스가 크면 코일의 성질※이 강해지고, 반대로 인덕턴스가 작아지면 코일의 성질은 약해집니다.
(※ 코일은 자속이라는 것을 발생시키는 등, 여러 성질이 있습니다.)
인덕턴스는 기호 L, 단위는 H(헨리)입니다.

 아, 방금 코일은 기호 L, 단위는 H(헨리)라고 하셨는데, 정확하게는 이 인덕턴스의 크기를 나타내고 있는 거군요.

 그렇습니다. 그리고 또 하나, 아주 중요한 용어를 기억해둡시다. 교류가 흐르기 어려운 것을 나타내는 『**리액턴스**※』입니다!
(※ 반작용 reaction 리액션과 관련지어 외웁시다. 자세한 내용은 122쪽 참조)

리액턴스는 **교류에서 『저항』과 같은 것**입니다.
기호는 X, 단위는 저항과 같이 Ω(옴)을 사용합니다.

직류에서는 아무것도 아닌 코일과 콘덴서…
하지만 교류에서는 갑자기 **리액턴스 X**라는 저항을 생성합니다.
코일과 콘덴서는 얌전한 얼굴을 한 무서운 아이예요!!

 으으… 분명히 저항이 증가하면 계산도 복잡해지겠군요.

 네. 하지만 여기에서 미리 공지하겠습니다. 실은 리액턴스 $X[\Omega]$도, 저항 $R[\Omega]$과 마찬가지로 옴의 법칙을 사용할 수 있습니다!

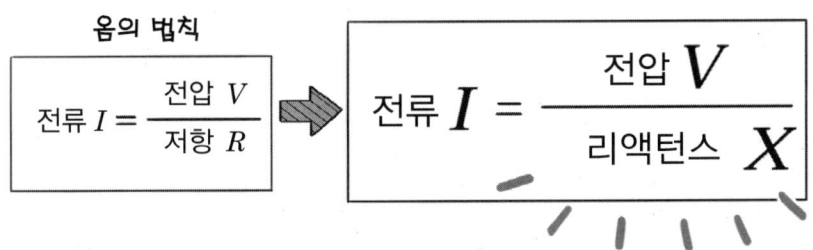

 오오~! 그럼 옴의 법칙과 마찬가지로 3개 중 2개를 알면, 나머지 1개도 알 수 있다는 거군요.

네. 그래서라도 이제부터 설명하는 리액턴스의 식을 기억해두세요! 이걸 외우는 것이 문제를 푸는…것이 아니라 사건을 해결하는 지름길이에요.

우선 코일의 리액턴스는 『**유도 리액턴스**』라고 합니다.
식으로 만들면 이와 같습니다.

$$\text{유도 리액턴스 } X_L = \omega L \ [\Omega]$$
$$= 2\pi f L \ [\Omega]$$

각주파수   코일(인덕턴스)

※ 각주파수(각속도) $\omega = 2\pi f$에 대해서는 115쪽 참조

 리액턴스의 기호 X에 코일이나 인덕턴스의 L을 붙여, 유도 리액턴스의 기호는 X_L이 됩니다.

 아~~~

 진구씨 멍하니 있으면 안 돼요!
이 식에는 중요한 포인트가 숨겨져 있어요. 코일의 리액턴스. 즉, 유도 리액턴스는 **주파수에 비례**합니다.

 아, 확실히 비례관계네요.
그건 주파수가 클수록 리액턴스라는 저항이 커진다…
어라? 그건 뭔가 평범한 듯한…

 후후후. 이건 콘덴서와 비교해보는 게 좋아요.
결론부터 말하면, 콘덴서의 리액턴스는 **주파수에 반비례**합니다.

 아~ 그런가요?
비례와 반비례라니, 완전히 다른 특징이네요.

 그래요. 코일과 콘덴서, 그 차이를 확실히 기억해둡시다. 그럼 또 다른 범인, 콘덴서에 대해 설명하겠습니다.

● 콘덴서의 특징

 다음은 콘덴서에 관한 보고서입니다.
간단하게 말하면 콘덴서는 전기에너지를 모아 충전할 수 있습니다.

 그럼, 역시 그 특징이 **위상**의 원인이 되는 건가요?

 맞아요~! 이쪽을 봐주세요.

회로	벡터(전압을 기준)	파형
콘덴서 i (A) C (F) $\dot{V}$ (V)	$\dot{I}$ $\frac{\pi}{2}$ [rad] $\longrightarrow \dot{V}$ (기준) 전류는 $\frac{\pi}{2}$ (90°) 전진	v i ωt

콘덴서가 있으면 이번에는 거꾸로 『전압』이 지연됩니다.
전압은 콘덴서가 충전되는 것에 따라 서서히 올라가는 것을 상상하면 됩니다.
조금 시간이 걸려 지연됩니다.
이 같은 상태를 전류 i는 전압 v에 대해 『**전진위상**』이라 합니다.

 그럼, 코일의 성질을 나타내는 용어는 『인덕턴스』였습니다.
콘덴서의 성질을 나타내는 용어는 『**커패시턴스**[※] (=정전용량, 전기용량)』
(※ 콘덴서는 영어로 capacitor 커패시터라고도 합니다.)
이건 어느 정도 전기에너지를 모을 수 있는지를 나타내는 양입니다.

앗! 수용인원이나 용량을 커패시티(capacity)라고 하죠.
라이브 공연장의 커패시티 100명이라든가. 아니, 간 적이 없지만…

 저도 한번도 가본 적 없어요. 후후후.
그보다 이 정전용량은 기호 C, 단위는 F(패럿)입니다.

 흠. 그럼 이 콘덴서도 교류가 되면 **리액턴스** X라는 저항을 생성하는군요.

 네, 맞아요. 코일과 콘덴서는 뒤에서 뭘 생각하고 있는지 모르겠어요!
그러니 이것도 확실히 알아둡시다.
콘덴서의 리액턴스는 『**용량 리액턴스**』이며, 식은 이와 같습니다!

$$\text{용량 리액턴스 } X_C = \frac{1}{\omega C} = \frac{1}{2\pi f C} \ [\Omega]$$

각주파수   콘덴서(정전용량)

 리액턴스의 기호 X에, 코일이나 인덕턴스의 C를 붙여, 용량 리액턴스의 기호는 X_C가 되었군요. 정말로 방금 배운 대로 반비례 관계네요.

 범인들의 특징은 확실히 알았죠? 그럼 마지막으로 저항에 대해 설명하겠습니다.

CHECK!
어미에 『**턴스**』가 붙는 용어는 뭔가의 성질을 수치로 나타내는 것이라고 생각하십시오.

'인덕턴스'는 인덕터(코일을 영어로)+턴스
'커패시턴스'는 커패시터(콘덴서를 영어로)+턴스
'리액턴스'는 리액션(반작용)+턴스입니다.

교류가 흐르면 코일과 콘덴서에 **반작용**이 일어나 잘 흐르지 않게 됩니다.
이걸 수치로 나타낸 것이 **리액턴스**입니다.

● 저항의 특징

 저항은 교류에서도 직류 때와 변함없습니다.
저항은 $R[\Omega]$로 나타냅니다. 위상과도 관계없습니다.

 겉과 속이 같은 좋은 녀석이군요.

 그래요. 이걸 봐주세요.

회로	벡터(전압을 기준)	파형
저항 $\dot{I}$ [A] R [Ω] $\dot{V}$ [V]	$\dot{V}$ (기준) $\dot{I}$ ※ 딱 겹치면 보기 힘드므로, 벡터를 조금 차이나게 그립니다.	v, i, ωt 파형

저항의 특징은 위상이 없는 즉, 『**동상**(同相)』이라는 것!
이것만 외워두면 됩니다.

 네. 이걸로 3개의 소자 특징을 전부 알았습니다.

 위상의 범인인 코일과 콘덴서… 그리고 위상과는 관계없는 저항…
이 세 가지에는 앞으로도 눈을 뗄 수 없습니다.
전기수학계의 요주의 인물입니다~!

제3장···삼각함수와 벡터

● 교류에서의 소자 정리

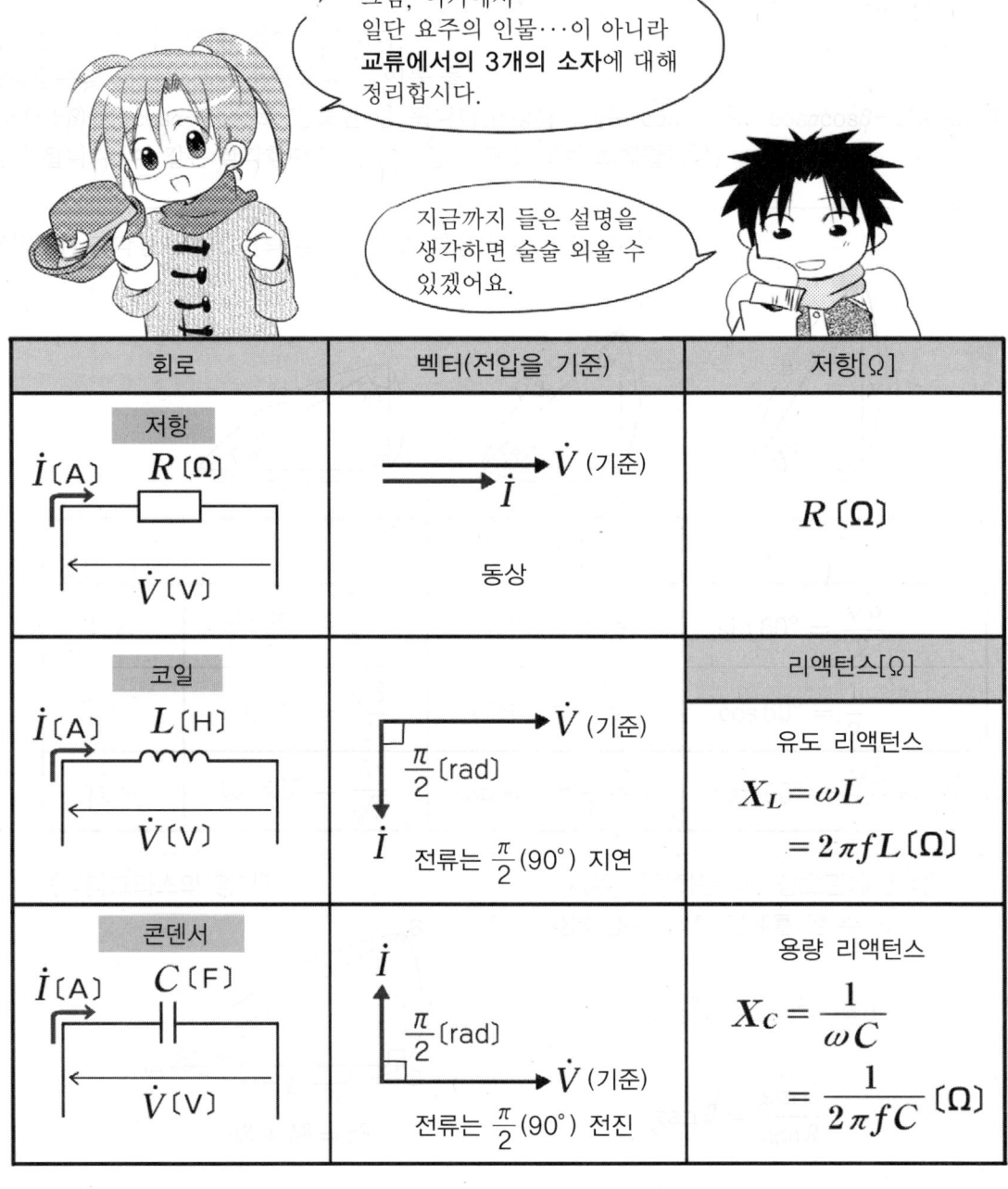

회로	벡터(전압을 기준)	저항[Ω]
저항 I[A] R[Ω] $\dot{V}$[V]	$\dot{I}$ → $\dot{V}$ (기준) 동상	R [Ω]
코일 I[A] L[H] $\dot{V}$[V]	$\dot{V}$ (기준), $\dot{I}$ $\frac{\pi}{2}$[rad] 전류는 $\frac{\pi}{2}$(90°) 지연	리액턴스[Ω] 유도 리액턴스 $X_L = \omega L$ $= 2\pi f L$ [Ω]
콘덴서 I[A] C[F] $\dot{V}$[V]	$\dot{I}$ $\frac{\pi}{2}$[rad] $\dot{V}$ (기준) 전류는 $\frac{\pi}{2}$(90°) 전진	용량 리액턴스 $X_C = \dfrac{1}{\omega C}$ $= \dfrac{1}{2\pi f C}$ [Ω]

● 임피던스란 무엇인가?

 소자를 정리하는 김에 『**임피던스**』도 알아둡시다.
임피던스의 기호는 Z이며, 임피던스 Z라 합니다.

 Z는 왠지 강해보이네요. 어려울 것 같아요.

 임피던스의 정체는 매우 단순하니까 안심하세요.
임피던스는 저항과 리액턴스를 합한 것입니다.

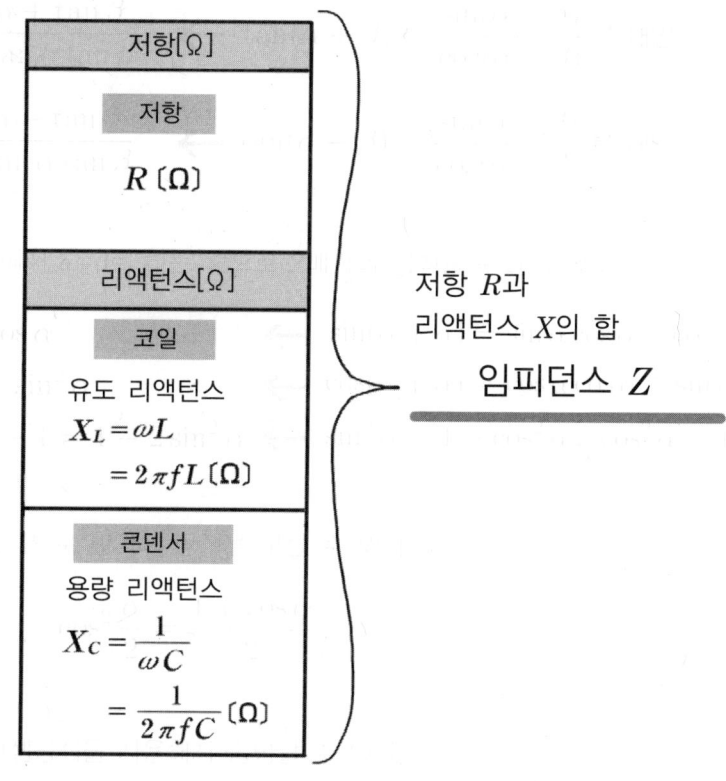

 허, 헐. 정말로 간단하네요.
즉, 임피던스 Z는 **교류회로에서의 저항의 합**이라는 건가요?

 맞습니다. '임피던스 Z를 구하시오' 라는 문제도 자주 있습니다.
조만간 풀어봅시다. 기대되네요~!

● 위상을 고려해서 벡터를 사용하자

 그럼, 이제부터 아주 중요한 얘기를 하겠습니다.
우리들은 교류에서의 소자의 작용을 1개씩 배웠지요~ 하지만 이건 기초에 불과합니다.
실제 전기회로 문제에서는 3개의 소자는 몇개씩 결합되어 나옵니다. 이런 식으로!

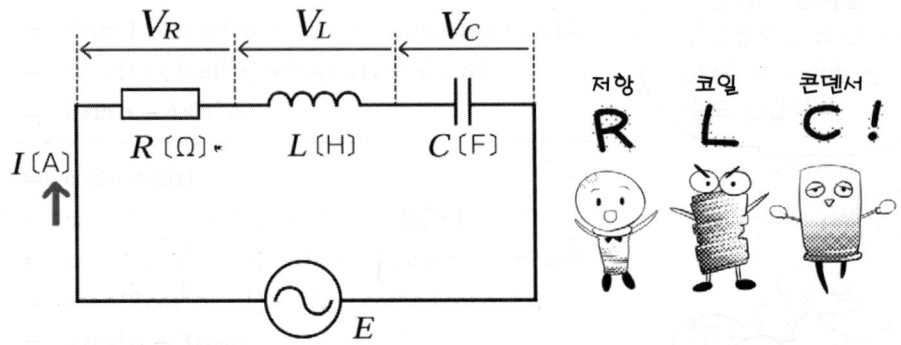

교류이므로 전원전압 e, 전류 i, 전압강하 v_R v_L v_C라고 소문자로 적어도 됩니다.

 우와!!

 이건 『RLC 직렬회로』라 합니다.
그 이름대로 저항 R, 코일 L, 콘덴서 C가 직렬연결되어 있습니다.
전원전압 E가 있고, 전압강하 V가 3종류 있는 부분은 키르히호프 제2법칙으로 본 회로(62쪽 참조)와 비슷해 보이지만···실은 아주 다릅니다!
직류전원이 아니라 교류전원이므로 난이도가 전혀 다릅니다.

예를 들면, 전원전압 E를 구하는 경우에도

$$V_R + V_L + V_C = E \qquad \text{(키르히호프 제2법칙)}$$

이 식에 그저 숫자를 대입해서 더하는 것만으로는 올바른 답이 나오지 않습니다. 왠지 아세요?

 음, 이건 **교류**니까 코일이나 콘덴서에는 위상이 있을 거예요. 그래서 실제로 계산할 때는 위상을 고려해서 넣어야 해요. 위상이란 즉, **벡터**의 방향으로···음.

 맞아요. 알아둘 것은 **벡터의 사용 방법**입니다~
교류회로에서 코일이나 콘덴서를 취하면 위상이 나옵니다.
벡터의 방향이 제각각이지요? 봐요!

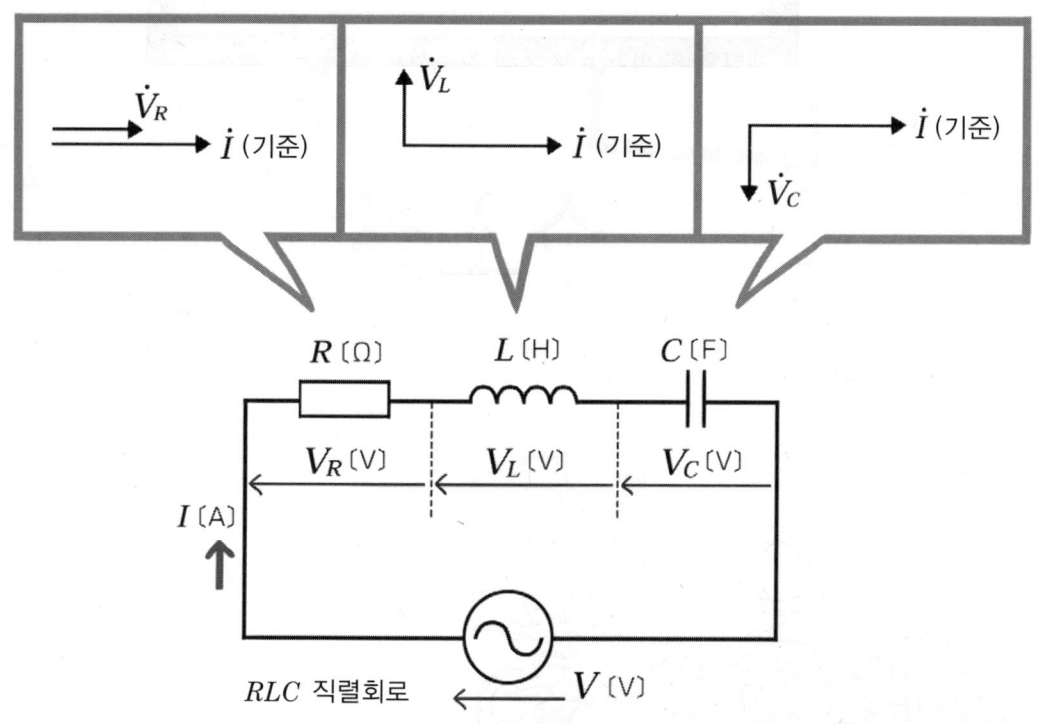

 흠, 방금까지와는 다르게 전류를 기준으로 한 벡터도군요.
확실히 벡터의 방향이 다 제각각이에요. 어떻게 하면 될까요…?

 간단해요. 숫자를 대입하기 전에 우선, 이들 벡터를 더해주면 됩니다.

 아! 그러고 보니 벡터의 덧셈도 있었죠? 분명 '**벡터합**'인가 뭔가 고등학생 때 배운 것 같아요.

 맞아요. 그거예요.
이 다음, 이 3개의 벡터가 더해진 걸 보여드리겠습니다. 벡터의 사용방법을 확실히 알아두세요.

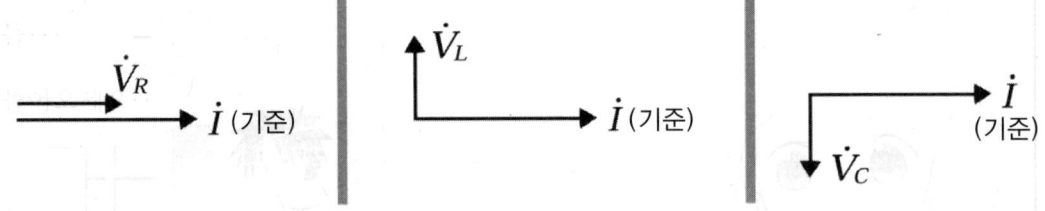

 그래서 3개의 벡터를 배치하여 벡터합을 구한 게 아래의 그림입니다.
평행이동과 벡터의 합성이 중요한데 진구씨 알겠어요?

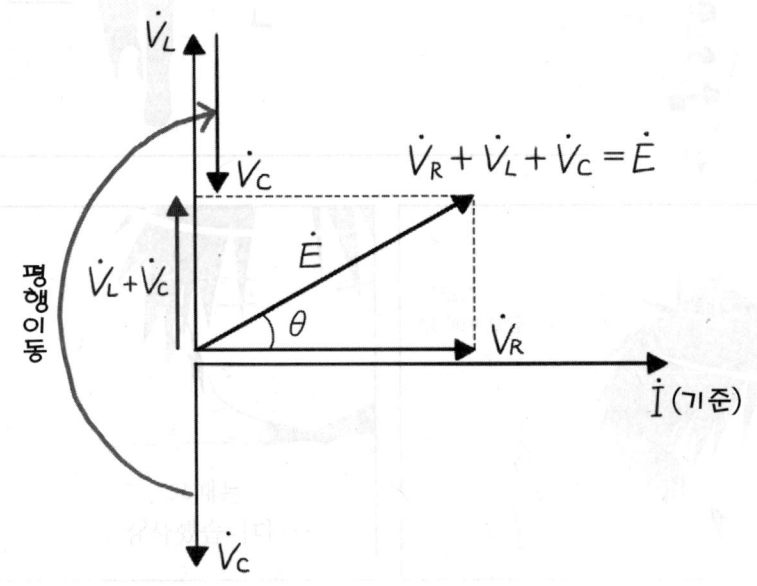

전압과 전류의 관계를 나타낸 벡터도

 벡터라면 조금은 알고 있으니 어떻게든 될 것 같아요. 음…

【STEP 1】 세로축에서 정반대를 향하고 있는 $\dot{V}_L$과 $\dot{V}_C$를
1개의 벡터로 만들고 싶다. 그러기 위해서 $\dot{V}_C$를 평행이동.
【STEP 2】 $\dot{V}_L + \dot{V}_C$가 나왔다!
【STEP 3】 $\dot{V}_L + \dot{V}_C$와 $\dot{V}_R$이라는 2개의 벡터합을 구하고 싶다.
【STEP 4】 평행사변형으로, 대각선을 그려 $\dot{V}_L + \dot{V}_C + \dot{V}_R$. 이걸로 3개의 벡터를 합성
했다…와 같은 건가요?

 네, 맞아요~! 벡터는 평행이동이 중요해요.
그리고 벡터합을 구할 때는 **대각선을 활용**합시다.

 그럼 이 정도 배웠으면 이 2가지 식의 차이도 알겠군요.

$$V_R + V_L + V_C = E$$

단순하게 덧셈만
→ 교류의 경우에는 안 된다!

$$\dot{V}_R + \dot{V}_L + \dot{V}_C = \dot{E}$$

벡터로 위상을
고려해서 넣는다
 → OK!

 네! 비슷하게 보이지만 실은 전혀 다릅니다. 벡터에 따라 위상도 고려하고 있는지 아닌지 봐야 돼요. 이게 **교류 문제**를 푸는데 중요한 포인트군요.

 맞습니다. 교류 문제를 푸는데 벡터는 빼놓을 수 없습니다. 참고로 전기수학 문제를 풀 때는 복소벡터를 사용하고 있는 경우가 많습니다. **복소벡터**를 사용하면 여러모로 매우 편리해요~

 아~ 복소벡터란 복소평면상에 쓴 벡터로 j를 말하는 거죠? 그게 그렇게 편리한가요?

 우후후. 자세한 건 복소수를 설명할 때 알려 드릴게요. 어쨌든 지금 진구씨는 벡터를 마스터해주세요. 제대로 안 외우면 체포되니까요!

 (경찰놀이…아직도 하고 있었어!?)

 …

 (창피한지 침울해졌네!!)

● 가전제품에 꼭 필요한 것은?

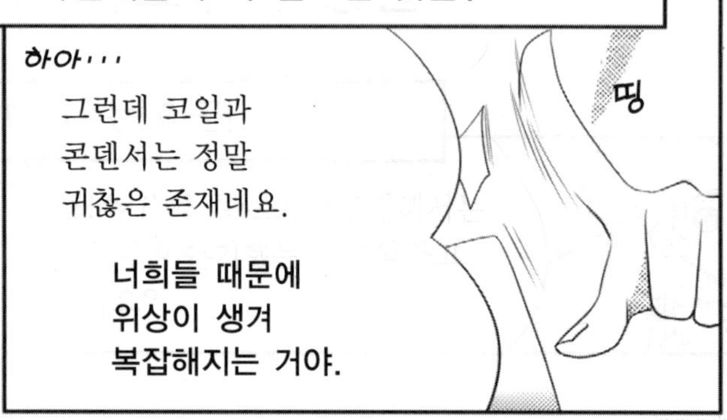

하아…
그런데 코일과 콘덴서는 정말 귀찮은 존재네요.

너희들 때문에 위상이 생겨 복잡해지는 거야.

확실히 계산은 복잡하고 힘도 들지만…

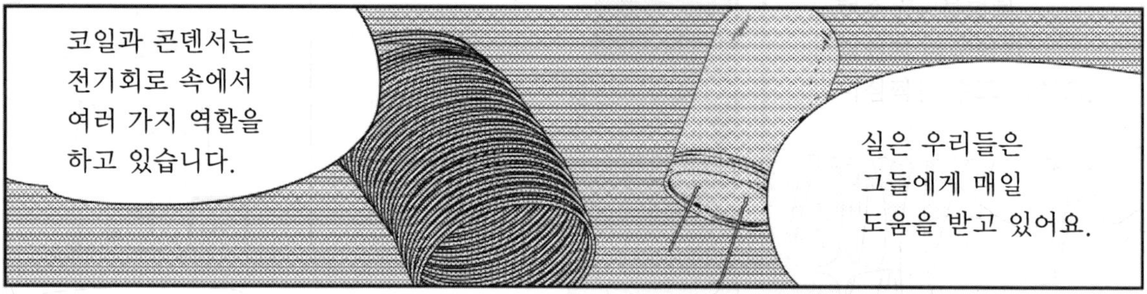

코일과 콘덴서는 전기회로 속에서 여러 가지 역할을 하고 있습니다.

실은 우리들은 그들에게 매일 도움을 받고 있어요.

우리들은 여러 가전제품을 사용하며 살고 있는데…

혹시 이것들이 없어지면 곤란해집니다.

아무것도 못하겠어…

코일과 콘덴서가 없어진다면 단순히 빛을 내는 것※1, 단순히 열을 내는 것※2만 남게 됩니다.

불편하겠죠~?

그렇군요. 코일은 모터에 들어 있었죠?(22쪽 참조)

모터가 들어 있지 않은 가전제품은 한정되어 있으니까…

※1 형광등이 아닌 백열전구에 한합니다. ※2 온도조절을 할 수 없는 것에 한합니다.

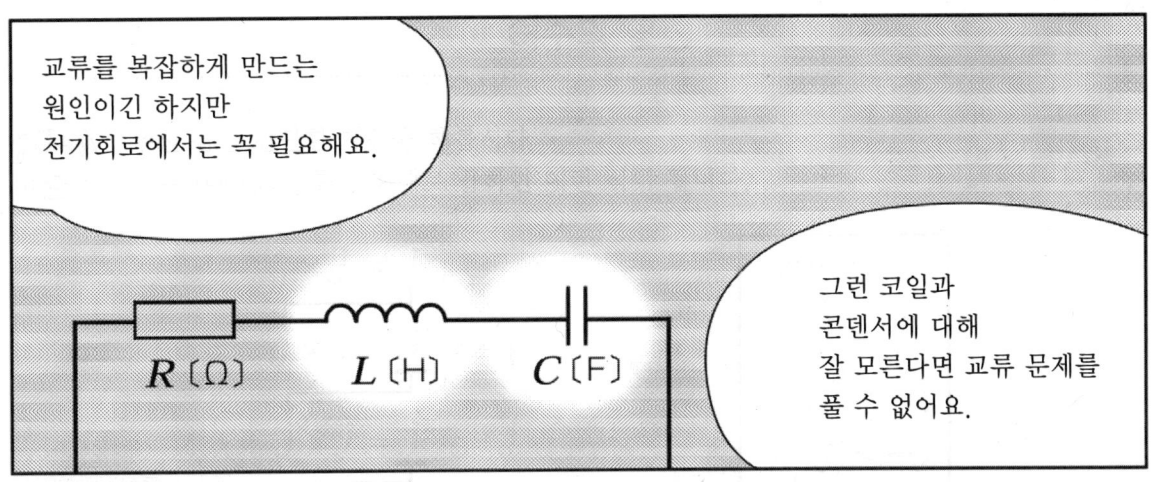

● 역률

그럼 이제부터는 『전력』에 대한 이야기를 하겠습니다.

전력!

전력을 구하는 식은 뭐였죠?

전압×전류였죠?(19쪽 참조) ···어라?

그러고 보니 전력에 대한 이야기는 처음이네요.

네···

게다가 이제부터 할 이야기는 우리 전력회사에서는 좀처럼 가르쳐주지 않는 무시무시한 이야기입니다.

무, 무시무시해요!?

예를 들면, 당신이 집에서 사용하는 전자제품··· 모터(코일)를 사용하지요?

네··· 세탁기나 냉장고나 거의 다 사용하고 있죠.

그 가전이··· 전원에서 끌어오는 전력이

실은 도중에 조금씩 줄어들고 있어요!!

역률=cosθ는 '0에서 1' 또는 '0%에서 100%'로 나타냅니다~

역률 0.08 이상(80%)을 '역률이 좋다'고 합니다~♪

⟨역률과 cosθ의 대응⟩
(이 표는 삼각비로 구했습니다. 140쪽 참조)

각도 θ	0°	30°	45°	60°	90°
$\cos\theta$	1	$\frac{\sqrt{3}}{2}$ ≒ 0.87	$\frac{1}{\sqrt{2}}$ ≒ 0.70	$\frac{1}{2}$ = 0.5	0
역률	1 (100%)	0.87 (87%)	0.70 (70%)	0.5 (50%)	0 (0%)

←─ 역률이 좋다 ─ 80% 이상

즉, **역률각**이 대강 30% 이하면 역률이 좋다… 낭비가 적다는 건가요?

네. 여기에서 중요한 포인트인데 실은 **역률각은 위상각과 같은 수치**입니다.

그래서 **위상각**이 30° 이하면 역률이 좋다고도 합니다.

그렇군— 벡터로 말이지

참고로 역률을 좋게 만드는 걸 『**역률개선**』이라 합니다.

역률개선에는 **콘덴서**가 큰 역할을 합니다만…

그렇군 그렇군 벡터가 음음음

저기… 콘덴서에 대해선 나중에 얘기합시다.
(※ 자세한 내용은 제5장 224쪽 이후에 설명합니다.)

● 무효전력이 생기는 구조

그럼 왜 위상에 따라 무효전력이 생기는지 설명하겠습니다.
『전력＝전압× 전류』를 생각하면서 이 그림을 봐주세요.

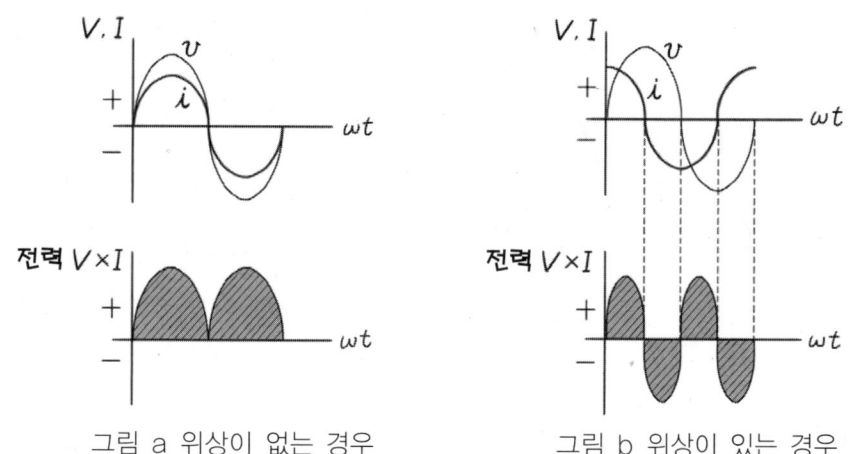

그림 a 위상이 없는 경우   그림 b 위상이 있는 경우

전력주임기술자 http://denk.pipin.jp/jitumu/yuukoumukou.html에서 인용·일부 수정

그림 a는 위상이 없는 경우입니다.
전력(플러스 수치)＝전압(플러스 수치)× 전류(플러스 수치) 또는
전력(플러스 수치)＝전압(마이너스 수치)× 전류(마이너스 수치)가 되고, **전력은 항상 플러스**가 됩니다.

하지만 그림 b와 같이 위상이 있으면…
플러스와 마이너스가 섞여 전력이 마이너스 수치가 되는 부분도 있습니다.
이 **마이너스의 전력**이 바로 **무효전력**입니다~

호오~! 왠지 이론 자체는 엄청 단순하네요.

이 그림에서 '위상이 작으면 무효전력도 작다'는 것도 알 수 있지요. 또, '무효전력이 작으면 역률이 좋아진다'는 것이므로…

앗! 즉, 위상이 작으면 역률이 좋아진다는 거군요.
위상과 역률의 관계도 이해했습니다!

~ 삼각비·삼각함수의 공식 ~

전기수학에서 삼각함수는 빼놓을 수 없는 존재입니다.
교류는 sin 곡선이고, 역률각(위상각)은 $\cos\theta$였죠?
교류 문제를 풀 때는 삼각함수 계산도 필요합니다.

하지만 여기에서 주의할 점이 있습니다.
삼각함수의 계산은 조금 독특합니다. 예를 들면,
$\cos(\alpha+\beta)$를, $\cos\alpha+\cos\beta$로 만들면 안 됩니다!! 정확하게는 $\cos(\alpha+\beta)=\cos\alpha\cos\beta-\sin\alpha\sin\beta$라는 식이 됩니다. 이 같은 삼각함수의 중요한 공식 등을 합쳐 소개합니다.

【삼각비】 직각삼각형의 변의 길이의 비로 다음과 같이 알 수 있다.

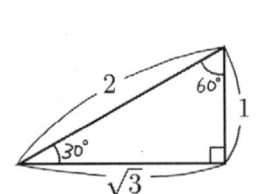 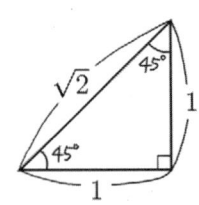 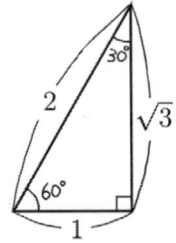

각도 (°)	30°	45°	60°
sin	$\sin 30° = \dfrac{1}{2}$	$\sin 45° = \dfrac{1}{\sqrt{2}}$	$\sin 60° = \dfrac{\sqrt{3}}{2}$
cos	$\cos 30° = \dfrac{\sqrt{3}}{2}$	$\cos 45° = \dfrac{1}{\sqrt{2}}$	$\cos 60° = \dfrac{1}{2}$
tan	$\tan 30° = \dfrac{1}{\sqrt{3}}$	$\tan 45° = \dfrac{1}{1} = 1$	$\tan 60° = \dfrac{\sqrt{3}}{1} = \sqrt{3}$

【피타고라스의 정리】

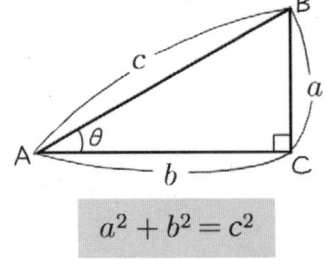

$$a^2 + b^2 = c^2$$

【자주 사용하는 식, 상호관계인 식】
삼각함수끼리의 관계를 알 수 있다.

$$\sin^2\theta + \cos^2\theta = 1$$

$$\tan\theta = \dfrac{\sin\theta}{\cos\theta}$$

【덧셈의 공식】 꼭 외워야 하는 공식이다. 이걸 토대로 다른 공식도 이끌어 낼 수 있다.

$$\sin(\alpha \pm \beta) = \sin\alpha\cos\beta \pm \cos\alpha\sin\beta$$

암기 공식 '둘러싸인·코스모스, 코스모스·둘러싸인'
　　　sin→ '둘러싸인'　cos→ '코스모스'

$$\cos(\alpha \pm \beta) = \cos\alpha\cos\beta \mp \sin\alpha\sin\beta$$

암기 공식 '코스모스·코스모스, 둘러싸이지 않은·둘러싸이지 않은'
　　　－sinαsinβ→ '둘러싸이지 않은(마이너스이기에)'

tan의 공식은 대입으로 이끌어 냅니다.

$$\tan(\alpha + \beta) = \frac{\tan\alpha + \tan\beta}{1 - \tan\alpha\tan\beta} \quad \Leftarrow \quad \tan(\alpha+\beta) = \frac{\sin(\alpha+\beta)}{\cos(\alpha+\beta)} \text{ 를 대입}$$

$$\tan(\alpha - \beta) = \frac{\tan\alpha - \tan\beta}{1 + \tan\alpha\tan\beta} \quad \Leftarrow \quad \tan(\alpha-\beta) = \frac{\sin(\alpha-\beta)}{\cos(\alpha-\beta)} \text{ 를 대입}$$

【2배각의 공식】 덧셈공식에서 $\alpha = \beta$로 하는 것으로 2배각의 공식을 구할 수 있다.

$$\sin 2\alpha = 2\sin\alpha\cos\alpha \quad \Leftarrow \sin(\alpha+\alpha) = \sin\alpha\cos\alpha + \cos\alpha\sin\alpha$$
$$\cos 2\alpha = \cos^2\alpha - \sin^2\alpha \quad \Leftarrow \cos(\alpha+\alpha) = \cos\alpha\cos\alpha - \sin\alpha\sin\alpha$$
$$\quad\quad = 2\cos^2\alpha - 1 = 1 - 2\sin^2\alpha \quad \Leftarrow \sin^2\alpha = 1 - \cos^2\alpha,\ \cos^2\alpha = 1 - \sin^2\alpha$$

【반각의 공식】 2배각의 공식으로 반각의 공식을 구할 수 있다.

$$\sin^2\frac{\alpha}{2} = \frac{1 - \cos\alpha}{2}\ ,\quad \cos^2\frac{\alpha}{2} = \frac{1 + \cos\alpha}{2}$$

【삼각함수의 합성공식】 덧셈공식을 사용해서 증명할 수 있다.

$$a\sin\theta + b\cos\theta = \sqrt{a^2 + b^2}\sin(\theta + \alpha)$$

단,
$$\cos\alpha = \frac{a}{\sqrt{a^2+b^2}}\ ,\quad \sin\alpha = \frac{b}{\sqrt{a^2+b^2}}$$

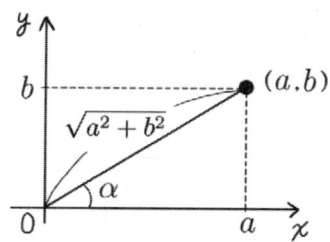

제3장···삼각함수와 벡터

【3배각의 공식】 덧셈공식과 2배각의 공식으로 이끌어낼 수 있다.

$$\sin 3\alpha = 3\sin\alpha - 4\sin^3\alpha$$
$$\cos 3\alpha = 4\cos^3\alpha - 3\cos\alpha$$

$$\begin{aligned}
\sin 3\alpha &= \sin(\alpha + 2\alpha) \\
&= \sin\alpha\cos 2\alpha + \cos\alpha\sin 2\alpha \quad \leftarrow \text{덧셈공식} \\
&= \sin\alpha(1 - 2\sin^2\alpha) + \cos\alpha \cdot 2\sin\alpha\cos\alpha \quad \leftarrow \text{2배각} \\
&= \sin\alpha(1 - 2\sin^2\alpha) + 2\sin\alpha(1 - \sin^2\alpha) \\
&= 3\sin\alpha - 4\sin^3\alpha
\end{aligned}$$

$$\begin{aligned}
\cos 3\alpha &= \cos(\alpha + 2\alpha) \\
&= \cos\alpha\cos 2\alpha - \sin\alpha\sin 2\alpha \quad \leftarrow \text{덧셈공식} \\
&= \cos\alpha(2\cos^2\alpha - 1) - \sin\alpha \cdot 2\sin\alpha\cos\alpha \quad \leftarrow \text{2배각} \\
&= \cos\alpha(2\cos^2\alpha - 1) - 2(1 - \cos^2\alpha)\cos\alpha \\
&= 4\cos^3\alpha - 3\cos\alpha
\end{aligned}$$

나중에 이야기할 **오일러의 공식**을 사용해서 덧셈공식을 도입하거나 3배각의 공식을 증명할 수도 있습니다.

오일러의 공식을 사용한 3배각의 공식 증명(계산에 익숙해지면 해봅시다)

$e^{jx} = \cos x + j\sin x$ 로

$e^{j3x} = \cos 3x + j\sin 3x = (\cos x + j\sin x)^3 \quad \longrightarrow (A+B)^3 = A^3 + 3A^2B + 3AB^2 + B^3$

$= \cos^3 x + j3\sin x \cos^2 x - 3\cos x \sin^2 x - j\sin^3 x$

$= \{\cos^3 x - 3\cos x \sin^2 x\} + j\{3\sin x \cos^2 x - \sin^3 x\}$

($\sin^2 x = 1 - \cos^2 x,\ \cos^2 x = 1 - \sin^2 x$ 로부터)

$e^{j3x} = \{\cos^3 x - 3\cos x(1 - \cos^2 x)\} + j\{3\sin x(1 - \sin^2 x) - \sin^3 x\}$

$= (\underline{4\cos^3 x - 3\cos x}) + j(\underline{3\sin x - 4\sin^3 x})$

$= \cos 3x + j\sin 3x$

이 식의 실수부로부터
$\cos 3x = 4\cos^3 x - 3\cos x$

허수부로부터
$\sin 3x = 3\sin x - 4\sin^3 x$

덧셈공식을 스스로 이끌어 내보자! (편리하다! 코스모스의 암기 공식을 잊어버려도 괜찮다)

$e^{j(x+y)} = e^{jx} \cdot e^{jy} = \cos(x+y) + j\sin(x+y) \quad —— ①$

$= (\cos x + j\sin x)(\cos y + j\sin y)$

$= \underline{\cos x \cos y - \sin x \sin y} + j(\underline{\cos x \sin y + \sin x \cos y}) \quad —— ②$

①과 ②의 실수부로부터
$\cos(x+y) = \cos x \cos y - \sin x \sin y$

허수부로부터
$\sin(x+y) = \cos x \sin y + \sin x \cos y$

제4장

복소수

1. 복소수의 성질

● 허수는 아군!

● 허수의 곱셈

 우선 잠깐 간단한 계산을 해봅시다.
실수 1에 대해 j를 차례대로 곱하면 이런 식이 됩니다.

$$1 \times j = j$$
$$j \times j = j^2 = -1$$
$$j^2 \times j = j^3 = -j$$
$$j^3 \times j = j^4 = j^2 \times j^2 = 1$$

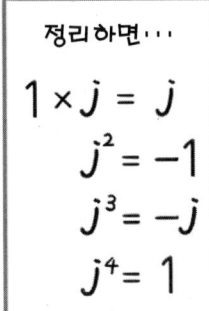

정리하면…
$$1 \times j = j$$
$$j^2 = -1$$
$$j^3 = -j$$
$$j^4 = 1$$

 흠. 뭐, 확실히 이렇게 되지요.

 그럼, 재미있는 건 여기서 부터입니다!
지금 한 곱셈을 **복소평면**에 나타내봅시다!(복소평면에 대해서는 48쪽 참조)
짜잔!

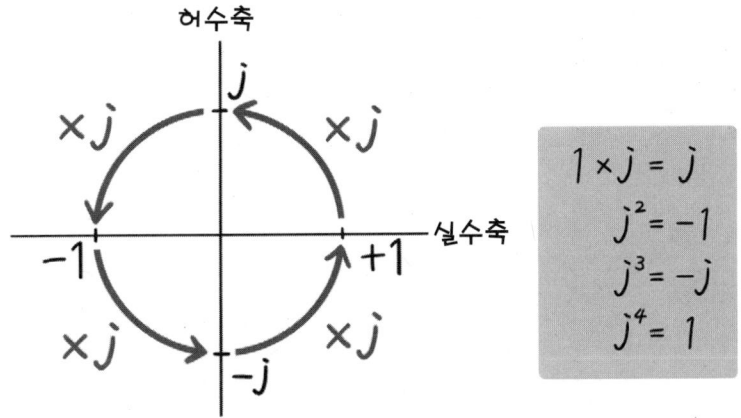

복소평면상에서 j를 차례대로 곱한 형태

 에에에에!!? **시계 반대 방향으로 회전했어요!**

 그래요.
실은, **허수 j의 곱셈이란 반시계 방향으로 90° 회전**한 거예요!

 ···고, 곱셈이, 회전···??
보통 사용하고 있는 실수의 곱셈과는 전혀 다른 세계네요.

 그렇네요. 익숙해지기 어려울 수도 있습니다.
하지만 이 복소평면으로 여러 가지 재미있는 걸 알 수 있어요.
예를 들면, 우리는 **마이너스 곱하기 마이너스는 플러스**라고 배웠죠?

 네··· 그렇게 배웠어요.
$-1 \times -1 = +1$이에요. 그게 상식이지요.
하지만 잘 생각해보면 그 이유는 모르겠네요. 음···

 그렇게 고민하지 않아도 되요.
복소평면상에서라면 **마이너스 곱하기 마이너스가 플러스**가 되는 형태도 제대로 알 수 있어요. 봐요.

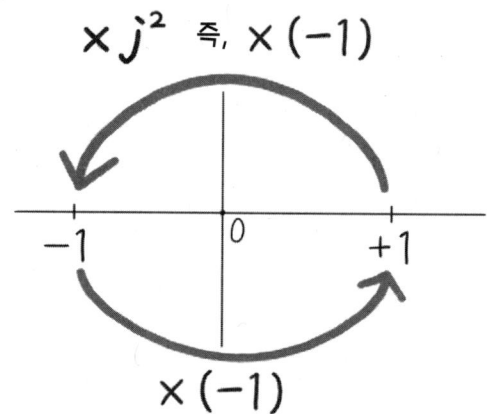

복소평면상에서 j^2를 곱한 형태

 호오~
확실히 마이너스 곱하기 마이너스로 한 바퀴 돌아 플러스가 되었어요.
반대×반대＝원래대로 돌아온다는 느낌이네요!
그리고 『왜 j는 2승하면 마이너스 1이 되는가?』도 이 그림으로 알 수 있어요.
재미있네요.

우후후. 이같이 허수나 복소평면은 수학적으로 확실한 자리를 차지하고 있는 획기적인 사고방식입니다.

호오~
뭔가 마술 같아요.

그럼, 마술을 조금 더 보여드릴게요.
이번에는 실수 1에 j가 아닌 '$-j$'를 차례대로 곱합시다.
그럼 이렇게 됩니다.

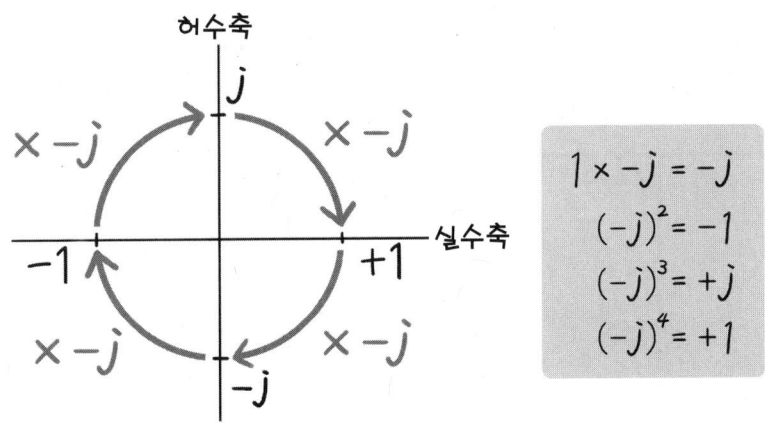

복소평면상에서 $-j$를 차례대로 곱한 형태

이번에는 방금과는 반대…!
시계방향으로 90° 회전입니까!?

네. 이 **곱셈에 의한 90° 회전이 허수 j의 재미있는 성질**입니다.
그리고 이 성질이 전기수학을 다루는 데 아주 도움이 많이 됩니다.

j를 곱하면 시계 반대 방향으로 회전. $-j$를 곱하면 시계방향으로 회전…
이게 도움이 되나요?
음, 머릿속에서도 빙글빙글 돌기 시작했어요.

● 허수와 위상의 관계

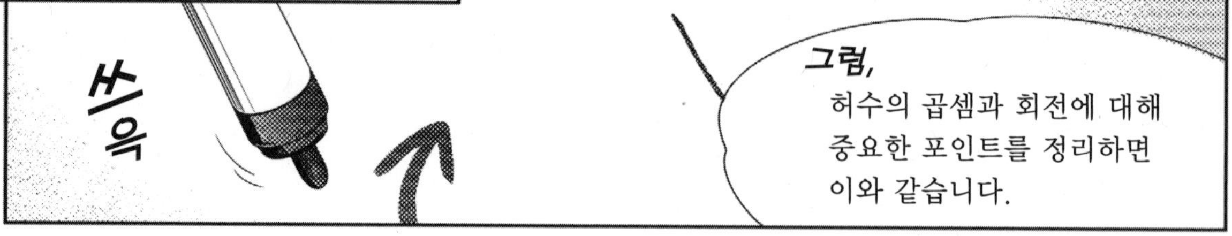

그럼, 허수의 곱셈과 회전에 대해 중요한 포인트를 정리하면 이와 같습니다.

j를 곱한다
→ $\frac{\pi}{2}(90°)$ 전진

$-j$를 곱한다
→ $\frac{\pi}{2}(90°)$ 지연

반시계 방향을 전진, 시계 방향을 지연이라고 표현했습니다.

$\pi/2$[rad]··· 호도법이죠···

어라? 뭔가 이거 어디서 본 듯한···
90° 전진과 90° 지연이나···
아!

위상이다! 위상을 벡터로 나타낼 때 그런 이야기를 했었죠!

맞아요! 그럼 이쪽을 봐주세요!

실은… 허수 j에 의해 『위상』을 나타낼 수 있습니다!

벡터의 관계(도형)도
간단한 복소수(수식)로 표현할 수 있습니다~♪

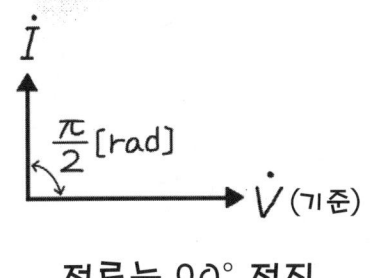

$$\dot{I} = j \frac{\dot{V}}{|\dot{Z}|} \qquad \dot{I} = -j \frac{\dot{V}}{|\dot{Z}|}$$

전류는 90° 전진 ↔ 전류는 90° 지연

※ $|\dot{Z}|$는 이 경우, $\dot{I}$와 $\dot{V}$의 크기를 정리하는 거라 생각해주십시오.
　자세한 내용은 153쪽에서 설명하겠습니다.

이 수식만으로 I와 V가
어떤 관계인지 알 수 있습니다.

복소수 j에 주목하면 위상은
예측할 수 있을 것입니다.

즉, 복소수는
『위상』도 나타낼 수 있는
수식입니다!

제4장…복소수

그래서 이제부터 복소수를 다뤄보겠습니다.
벡터도 앞으로는 주로 복소벡터를 사용합시다.
어렵게 생각하지 않아도 됩니다.
벡터를 복소평면상에 적으면 복소벡터가 됩니다!

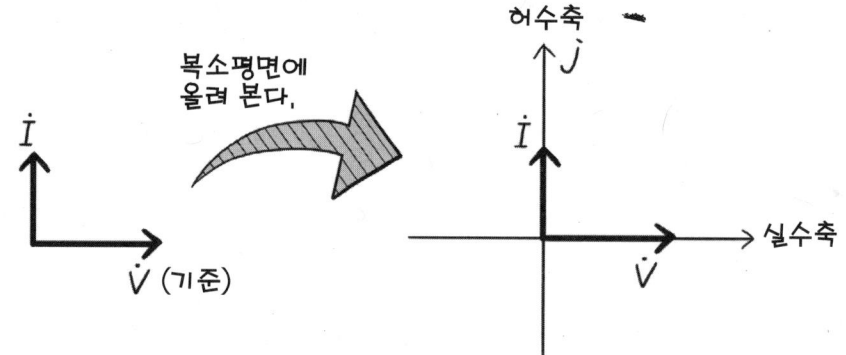

'복소수'와 '복소벡터'는 확실하게 대응하고 있군요(49쪽 참조).
즉, 복소수 계산은 동시에 복소벡터 계산이기도 합니다.

● 식에 대한 보충설명

 방금 전에 배운 식에서 $|Z|$가 나왔습니다. 이게 뭔지 설명하겠습니다.
우선 Z는 **임피던스**입니다. 교류에서의 **저항의 합계**였죠(125쪽 참조).

 절대수치가 붙어 $|Z|$는 저항의 크기라는 의미네요.
그런데 왜 갑자기 여기에서 저항이 필요한 건가요?
벡터도에는 전류 $\dot{I}$와 전압 $\dot{V}$만 적혀 있는데…

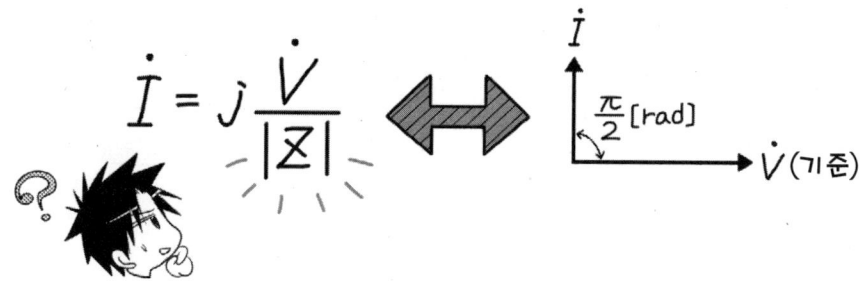

 후후. 실은 그 $\dot{I}$와 $\dot{V}$의 **크기를 정리하기 위해** 임피던스(저항의 합계) $|Z|$를 가져왔습니다.
전류 I와 전압 V의 단위는 다르므로 크기를 비교할 수 없습니다.
예를 들면, 속도와 거리는 단위가 달라 비교할 수 없는 것과 같습니다.

 음. 확실히 단위가 다르면 크기를 비교하기가 어렵겠네요.
…어라? 그래도 속도와 거리만으로는 비교할 수 없지만 거기에 '시간'만 더하면 하나의 식이 만들어질 것 같은데요.
속도[km/h]=거리[km]/시간[h]이니까…

 맞아요! 바로 그거에요. 여기에서 옴의 법칙을 생각하길 바랍니다.
$I=V/R$과 똑같이 $|I|=|V|/|Z|$가 성립합니다!

 아, 그렇군요! 그 3개의 관계를 이용하는 걸로, $\dot{I}$와 $\dot{V}$를 하나의 식으로 만들 수 있다는 거군요. 그래서 $|Z|$가 필요해진 건가.

 네. $|Z|$는 어디까지나 $\dot{I}$와 $\dot{V}$의 크기를 정리하기 위한 거라고 생각해주십시오.
그리고 벡터의 방향도 정리하기 위해 j나 $-j$가 있는 것입니다.

● 허수는 왜 생긴 걸까?

 음. 허수 j가 교류 문제에 도움이 되는 건 알겠는데… 애초에 허수는 누가 무엇을 위해 생각한 것인가요?

 궁금하지요~ 허수가 생긴 건 16세기경입니다.
답이 나오지 않는 문제에 어떻게든 답을 내기 위해 생각한 것이었습니다.

$$x^2+5 = x^2-(-5) = (x+j\sqrt{5})(x-j\sqrt{5}) = 0$$

이걸로 '$x^2+5=0$ 풀었다!' 는 것이 됩니다.

『2승해서 마이너스가 되는 수』만 있다면 어떤 2차 방정식이든 풀 수 있다는 거지요!

 우와… 그렇게까지 해서 풀고 싶었던 거군요.

 뭐, 이런 식으로 모처럼 생긴 허수입니다만… 안타깝게도 당시 수학자들은 받아들일 수 없었습니다.
이 당시의 허수는 2승해서 마이너스가 되는 수라는 **개념 존재**만으로, 특별한 실용적 가치가 없었던 것입니다.
허수는 그 존재가 한 책에 소개된 후, 200년 가까이 방치되었습니다.
허수도 외로웠겠죠.

 조금 감정이입 될 것 같아요.

 그런데! 거기에 수학자 레온하르트 오일러(1707-1783)가 등장합니다.
오일러는 18세기 최대·최고의 수학자라 불리는 인물로, 이 오일러가 $\sqrt{-1}$을 허수단위 i라 정했습니다(전기의 세계에서는 j).
또, 1748년에는 『오일러의 공식』이라는 허수를 포함한 매우 중요한 공식을 발표했습니다. 이 공식에 대해서는 나중에 설명하겠습니다.

 호~ 그 오일러씨 덕분에 **허수와 관계된 식**도 생긴 건가요?

네. 하지만 그 후에도 좀처럼 허수의 존재를 쉽게 받아들이려 하지 않았습니다. 허수는 그림으로 나타낼 수 없는 상상할 수 없는 것이기 때문입니다.

…어라? 그런데 방금 복소평면에서 그림으로 그렸었지요?

맞아요. 실은 그 후, 복소수·복소평면이 생겼습니다.
허수는 이 복소평면으로 처음으로 그림으로 그릴 수 있는, 눈으로 보고 상상할 수 있는 것이 되었습니다. 여기에서 드디어 허수는 수학나라의 시민권을 획득한 것입니다.

아~ 그렇군요! 허수가 드디어 양지바른 곳으로 나왔군요.

복소평면은 별명이 『가우스의 평면』이라고도 하는데 이건 사람 이름입니다.
복소평면에 관해서는 여러 사람이 힘써 왔지만 그 중에서도 수학자 카를 프리드리히 가우스(1777-1855)의 업적이 훌륭하여, 복소평면은 가우스의 평면이라고도 불리고 있습니다.

이 허수나 복소수·복소평면이 생겼는데…
이윽고 이것을 **교류회로를 계산하는데 사용**하려는 획기적인 생각이 떠올랐습니다!

1886년, 영국의 헤비사이드는 교류회로를 계산할 때 복소수를 사용할 것을 제안했다.
1893년, 영국의 케넬 리가 임피던스를 복소수로 나타내어, 계산할 수 있다는 것을 증명했다.
같은 해, 미국의 기술자 슈타인메츠가 허수 $j=\sqrt{-1}$을 사용해 교류회로를 계산하는 이론을 완성하고, 논문을 발표했다.

이렇게 전기의 세계에서 허수·복소수를 사용하게 된 것입니다.

2. 복소수로 나타낼 수 있는 중요한 식

● 오일러의 공식

 그럼 이제부터 허수를 사용한 아주 중요한 공식을 소개해드리겠습니다.
「오일러의 공식」과「오일러의 등식」입니다.

 …어라? 이름이 비슷하네요.

 네. 오일러의 공식을 조금 변환한 것이 오일러의 등식이에요. 그러니까 세트로 외워둡시다.
참고로 어느 물리학자는 이 공식을 '인류 최고의 보물'이라고 표현했다고 합니다.

 우와~ 최고의 보물이요?! 대단하네요.

 후후후. 그 정도로 아름답고 도움이 되는 공식입니다.
백문이 불여일견이니 우선「오일러의 공식」을 봐주세요.

$$\underbrace{e^{jx}}_{\text{지수함수}} = \underbrace{\cos x + j \sin x}_{\text{삼각함수}}$$

 …죄송해요. 안 본 걸로 해도 되겠습니까? 어려워 보이는데…

 안 돼요! 이제부터 쉽게 설명할테니 안심하세요~! 이 식의 특징은 다른 2개의 함수 − 지수함수와 삼각함수가 허수단위 j에 따라 이어져 있는 것입니다.

삼각함수는 지금까지 배운 $\sin\theta$나 $\cos\theta$지요? 변화하는 수 — 변수는 이번에는 θ가 아니라 x로 되어 있습니다.

지수함수는 e^x라고 표시하며, 이런 그래프인 함수입니다.

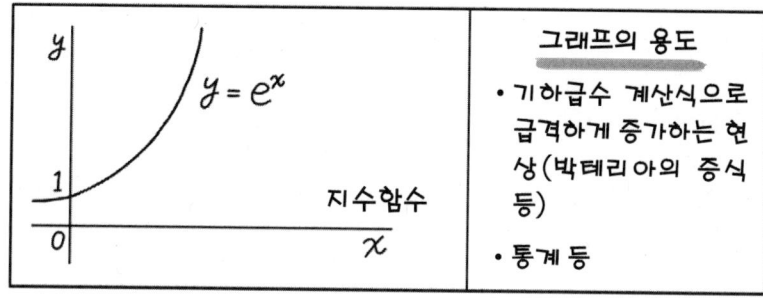

각각의 명칭도 기억해 주세요.

$$e^x \leftarrow 지수$$
밑

 흠. 조금 궁금한 게 있는데요. **지수**는 앞에 나온 **차수**(100쪽 참조)와 비슷하네요. 뭐가 다른가요?

 좋은 질문입니다. 실은 이런 차이가 있습니다.

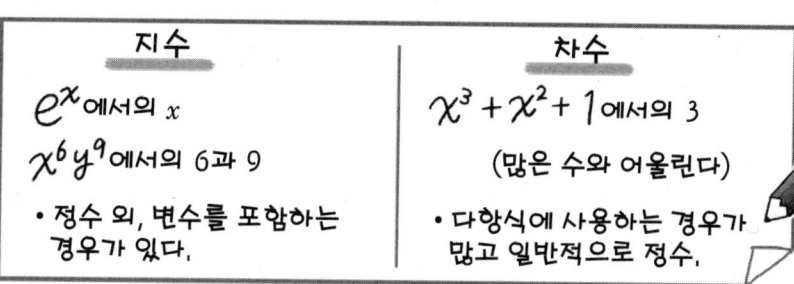

또, e는 **네이피어수**라는 수학상수로 『자연대수의 밑』이라는 것입니다.
$e = 2.71828\ 18284\ 59045\cdots$라는 식으로, 수치가 계속되는 **무리수**입니다.

 아… 원주율 π같이 암기하는 건 무리인 수네요.

 언뜻 보기엔 단순한 숫자가 나열된 것으로 보이지만 이 e는 여러 특성을 감추고 있습니다. **함수**나 **미분적분** 등에서 대활약하는 매우 편리한 존재입니다.

제4장···복소수 **157**

 e는 계산할 때 이렇게 바꿔 쓸 수 있습니다. 이 경우에도 당황하지 않도록 확실하게 외워두십시오.

$$e^x = \exp(x)$$
　　↑지수　　　　↑지수

이 exp는 'exponential(엑스포넨셜)=지수라는 의미'의 약자입니다.
지수함수를 **exp함수**라고 하기도 합니다.

 그렇군요. 게임에서 경험치를 exp라고 하는데 그것과는 다르군요.

 그럼, 용어에 대한 설명이 끝났으니 이제 전기에 대한 이야기를 하겠습니다.
「오일러의 공식」은 전기의 세계에서는 이렇게 씁니다! 자, 진구씨 식에 주목해주세요.

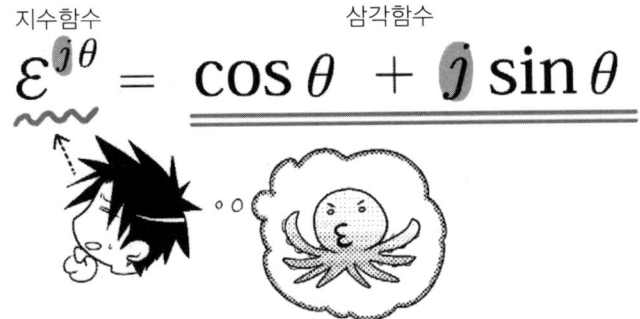

$$\underset{\text{지수함수}}{\varepsilon^{j\theta}} = \underset{\text{삼각함수}}{\cos\theta + j\sin\theta}$$

 음. 변수이기도 한 지수의 x가 θ가 되었네요. 하지만 e가 문어 입모양 같이 되어 있는데 왜 그런거죠?

 문어 입…! 이 ε는 **엡실론**이라 합니다. 단순히 기호를 바꾼 것으로, 자연대수의 밑 e와 같은 의미입니다.

 뭐, 뭐야. 그럼, 허수 i를 j라 하는 것과 같은 의미네요.
전기의 세계에서는 자연대수의 밑 e는 ε…라고.

 그렇습니다. 오일러의 식이나 지수함수의 ε은, 향후 아주 중요해지므로 확실히 익혀두십시오.

 참고로, 지수함수가 왜 그렇게 중요하냐면…
삼각함수에서 지수함수로 변환하는 것으로 **「지수계산」**이 가능해지기 때문입니다.

> $x \neq 0$ m, n을 정수라 할 때, 다음 지수법칙이 성립한다.
> $x^m \times x^n = x^{m+n}, \quad (x^m)^n = x^{mn}, \quad (xy)^n = x^n y^n, \quad x^0 = 1$
> 【계산 예】 $x^3 \times x^2 = x^{(3+2)} = x^5, \quad (x^3)^2 = x^{(3 \times 2)} = x^6,$
> $(x^2 y^3)^3 = x^{(2 \times 3)} y^{(3 \times 3)} = x^6 y^9$

전기수학 문제를 풀 때에도 지수계산으로 편해지는 경우가 많습니다.

 오오~ 편하게 풀기 위해서 지수함수도 사용하고 싶어요.

 이상으로 오일러의 공식에 대한 설명은 끝입니다. 마지막으로 꼭 알아두어야 할 점은 오일러의 공식을 변환해서 얻을 수 있는 **「오일러의 등식」**입니다.

$$\varepsilon^{j\pi} + 1 = 0$$

오일러의 등식에서는 수학에서 중요한 5가지 수인
「자연대수의 밑 $\varepsilon(e)$」, **「허수단위 $j(i)$」**, **「원주율 π」**, **「1」**, **「0」**이 전부 포함되어 있어, **세계에서 가장 아름다운 식**이라 불리고 있습니다~

이게 변환한 모습입니다. 전기의 세계에서는 e가 ε로 되어 있어요.

$\varepsilon^{jx} = \cos x + j \sin x$ (오일러의 공식)

• x에 원주율 π를 대입
$\varepsilon^{j\pi} = \cos \pi + j \sin \pi$
• $\cos \pi = \cos 180° = -1$
$\sin \pi = \sin 180° = 0$이므로,
$\varepsilon^{j\pi} = -1 + 0j$
$= -1$
• -1을 좌변으로 이동시켜
$\varepsilon^{j\pi} + 1 = 0$ (오일러의 등식)
※ $\varepsilon^{j\pi} = -1$도 자주 사용합니다.

꽤 간단하네요. 저도 할 수 있을 것 같아요.

● 교류의 식을 복소표시 해보자

 방금 이야기한 **오일러의 공식**은 여러모로 도움이 됩니다.
예를 들면, 교류전압의 식도 오일러의 공식에 의해 바꿔 쓸 수 있습니다~!
※ 전압을 예로 들었지만 전류의 식도 마찬가지입니다.

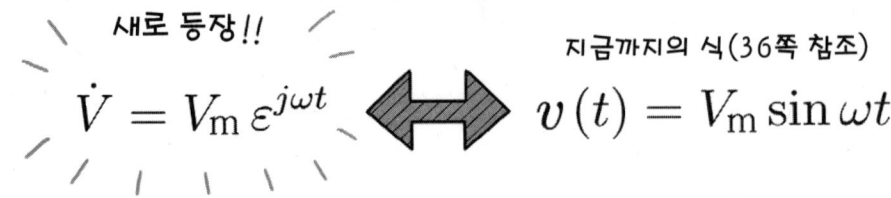

 뭐, 뭔가, 깔끔해졌어요!? 이건 대변신이네요.
「삼각함수」의 식이 「지수함수」로 나타내는 벡터가 되었어요!

 네, 맞아요. 진구씨도 2개의 함수를 알죠? 보충설명하면, 지수함수의 식은 허수 j를 포함한 복수벡터라는 것입니다. 이하와 같이 복소평면상에 나타낼 수 있습니다.

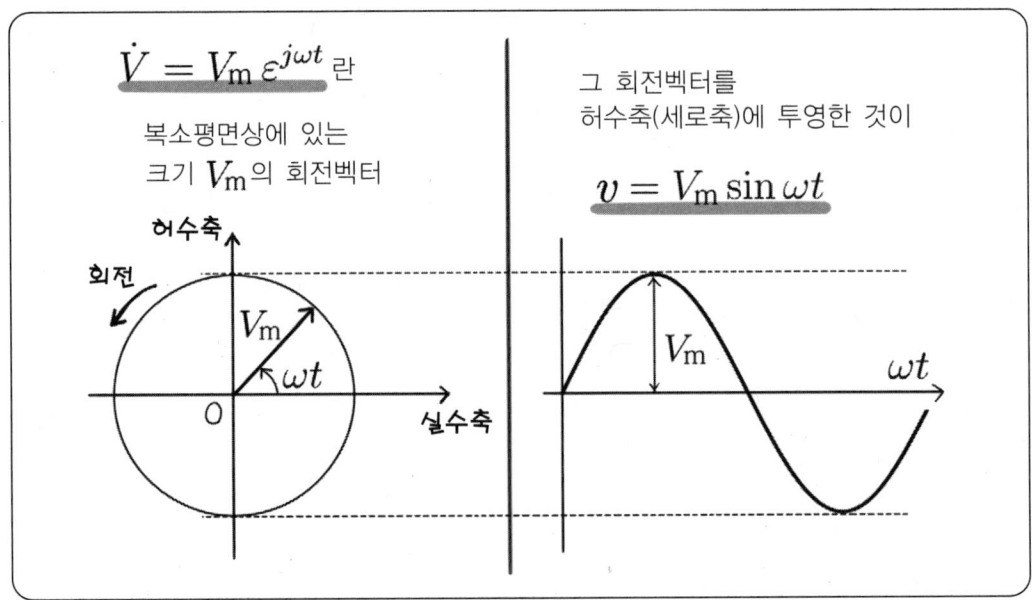

 아, 이렇게 그림으로 보니 이해가 잘 되네요. 그런데 오일러의 공식을 어떻게 활용해야 이런 식이 되나요?

우후후. 거기엔 약간의 순서가 있습니다.
우선 이렇게…『오일러의 공식』의 **허수부만을 골라냅니다**.

오일러의 공식
$$\varepsilon^{j\theta} = \cos\theta + j\sin\theta$$

이 허수부를 골라내면 $\text{Im}(\varepsilon^{j\theta}) = \sin\theta$

$\varepsilon^{j\theta}$의 허수부라는 의미

허수부 Im만 꺼냅니다!

네에에에!!? 그렇게 해도 되나요!?
쇼트케이크에서 딸기만 골라낸 거 같은…

네. **계산 목적**에 따라서는 이렇게 해도 됩니다.
전기 계산에서는 이런 식으로 『허수부를 골라낸다』『실수부를 골라낸다』는 것이 있습니다. 허수부를 골라낸 경우에는 Im( ), 실수부를 골라낸 경우에는 Re( )라고 나타냅니다. 전류의 최대치 I_m과 착각하지 않도록 주의하세요.

다음은 골라낸 것을 교류전압의 식에 대입한 것입니다. 골라낸다는 발상만 알면 계산 자체는 간단합니다.

$\text{Im}(\varepsilon^{j\theta}) = \sin\theta$ 에 의해
$\varepsilon^{j\theta} = \sin\theta$
$\varepsilon^{j\omega t} = \sin\omega t$ …①

교류전압의 식에 대입한다.
$v = V_m \sin\omega t$
여기에 ①을 대입
$v = V_m \varepsilon^{j\omega t}$ (복소수)
$\dot{V} = V_m \varepsilon^{j\omega t}$ (복소벡터)

음, 정리하면 이번 계산의 목적은 교류전압의 식이었군요. 전압의 수치는 허수축(세로축)으로의 투영이므로 허수부를 골라냅니다. 계산하는 목적을 생각하면 **실수부는 필요 없었다**는 거군요. 합리적이네.

이런 게 가능한 것도 실수성분(실수부)과 허수성분(허수부)이 확실한 **복소수 덕분**이에요.

● 복소수의 여러 벡터 표시방법

그럼, 이쯤에서 **복소벡터의 표시방법**에 대해 정리해볼까요?

진구씨는 게임을 좋아하시나요?

완전 좋아해요.

RPG 같은 걸 자주 했었어요.

그럼, 상상하기 쉽겠네요.

우리들은 지금 RPG 세계에 들어와 있습니다.

목적지는 마을에서 조금 떨어진 곳에 있는 성입니다.

마을에서 성까지 가는 길은 어떻게 설명하는 게 이해가 잘될까요?

여기까지!

여기부터

음… 쓸데없이 전투도 하기 싫으니까 간단하게 설명하면…

복소벡터의 여러 가지 표시방법입니다~ ♪

① 직교좌표 표시 … …… 직교형식
② 극좌표 표시 ⎫
③ 삼각함수 표시 ⎬ …… 극형식
④ 지수함수 표시 ⎭

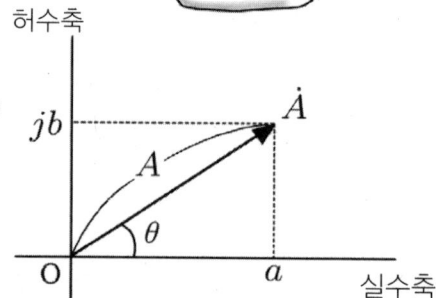

$A^2 = a^2 + b^2$, $A = \sqrt{a^2 + b^2}$ (복소수 $\dot{A}$의 절대치 $|\dot{A}| = A$)
피타고라스의 정리

$\dfrac{b}{A} = \sin\theta$로 부터 $b = A\sin\theta$, $\dfrac{a}{A} = \cos\theta$로 부터 $a = A\cos\theta$

→ 이에 따라 ③의 식이 성립한다.

① <u>직교좌표 표시</u> : $\dot{A} = a + jb$

② <u>극좌표 표시</u> : $\dot{A} = A\angle\theta$, $A = \sqrt{a^2 + b^2}$

③ <u>삼각함수 표시</u> : $\dot{A} = a + jb = A(\cos\theta + j\sin\theta)$
  $\dot{A} = A(\cos\theta + j\sin\theta)$

→ 벡터도는 다음 페이지

④ <u>지수함수 표시</u> : $\dot{A} = A\varepsilon^{j\omega t}$

$\varepsilon^{j\theta} = (\cos\theta + j\sin\theta)$ … 오일러의 공식

참고 전압의 복소표시 $\dot{V} = V_m\,\varepsilon^{j\omega t}$

$$\dot{A} = A\varepsilon^{j\theta} = A(\cos\theta + j\sin\theta) = A\angle\theta = a + jb$$

참고로 $A\varepsilon^{j\theta} = A\varepsilon^{j\omega t} = A\exp(j\omega t)$

우와…뭔가 굉장하네요…!

문제를 풀다 보면 익숙해질꺼예요~ 힘내세요!

● 벡터 표시에 대한 보충설명

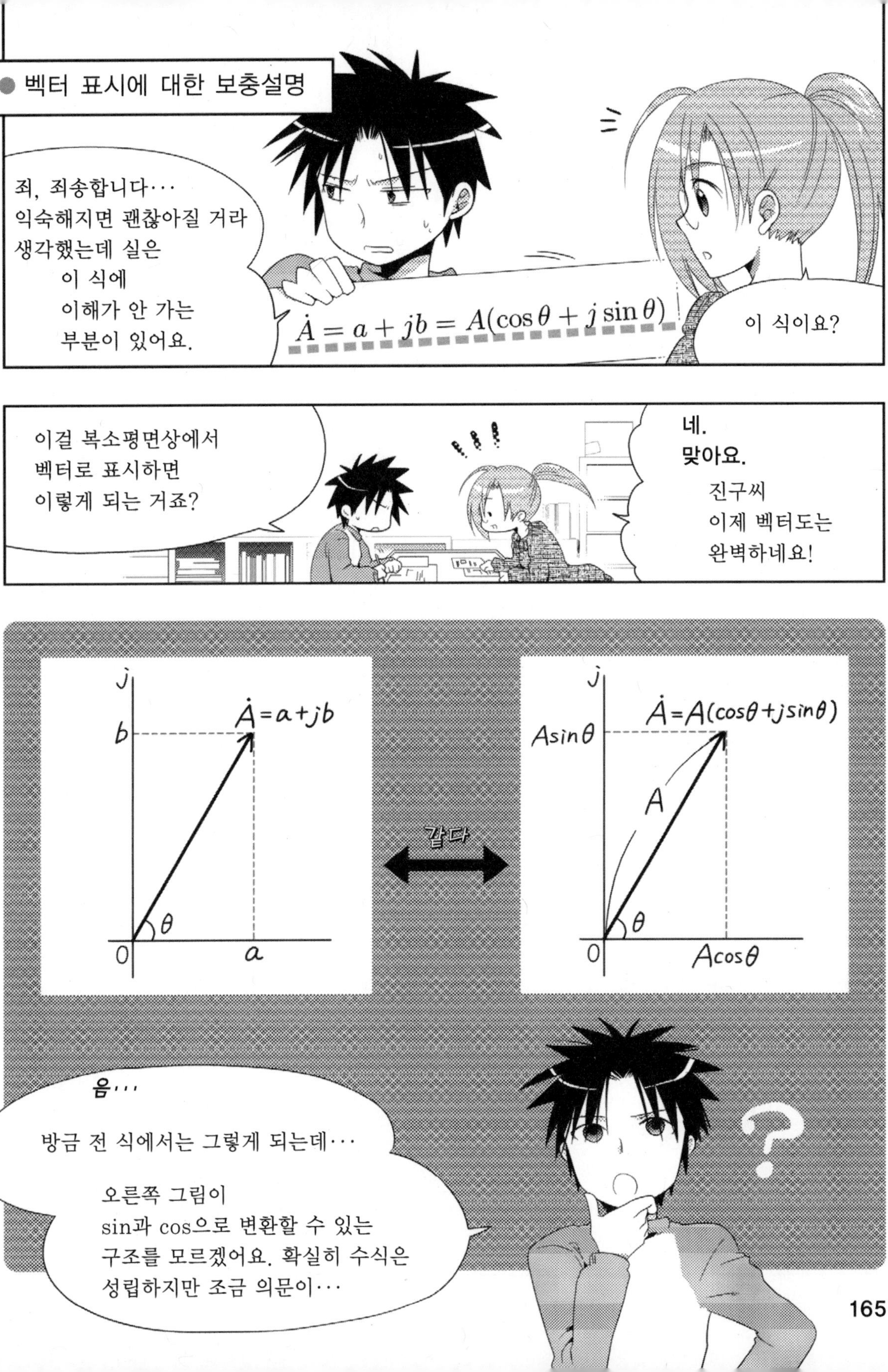

죄, 죄송합니다···
익숙해지면 괜찮아질 거라 생각했는데 실은
이 식에
이해가 안 가는
부분이 있어요.

$$\dot{A} = a + jb = A(\cos\theta + j\sin\theta)$$

이 식이요?

이걸 복소평면상에서 벡터로 표시하면 이렇게 되는 거죠?

네.
맞아요.
진구씨
이제 벡터도는
완벽하네요!

같다

음···
방금 전 식에서는 그렇게 되는데···

오른쪽 그림이
sin과 cos으로 변환할 수 있는
구조를 모르겠어요. 확실히 수식은
성립하지만 조금 의문이···

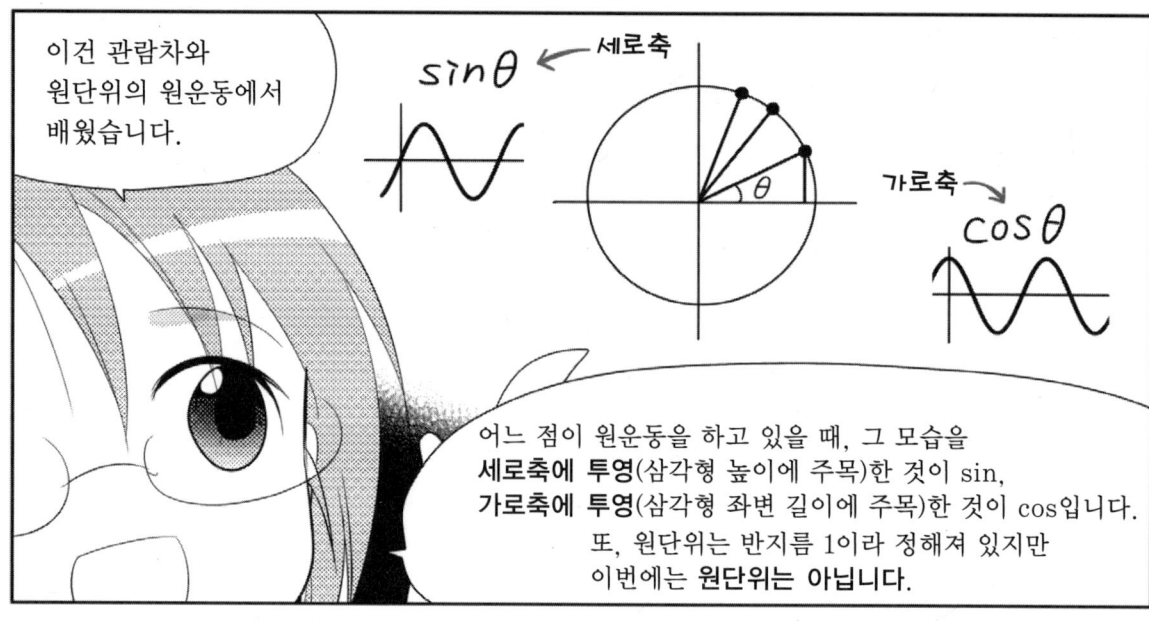

$$\dot{A} = \underbrace{A\varepsilon^{j\theta}}_{④식} = \underbrace{A(\cos\theta + j\sin\theta)}_{③식} = \underbrace{A\angle\theta}_{②식} = \underbrace{a+jb}_{①식}$$

- $\dot{A} = a + jb = A(\cos\theta + j\sin\theta)$

- $\varepsilon^{j\theta} = \cos\theta + j\sin\theta$

오일러의 공식을 대입하면 ④식이 된다!

침착하게 지금까지 한 것에 적용하면 이해가 될 거예요.

4가지 벡터의 표시방법도 이 2가지 식을 이해하면 자연스레 외울 수 있을 것입니다!

같은 걸 방법을 바꾸고 격을 바꿔 임기응변으로 하는 거군요.

바꿔 쓸 수 있을 때까지는 힘들겠네요.

오늘은 특히 한꺼번에 이야기 할게요~

진구씨는 혹시 이 그림을 기억하나요?

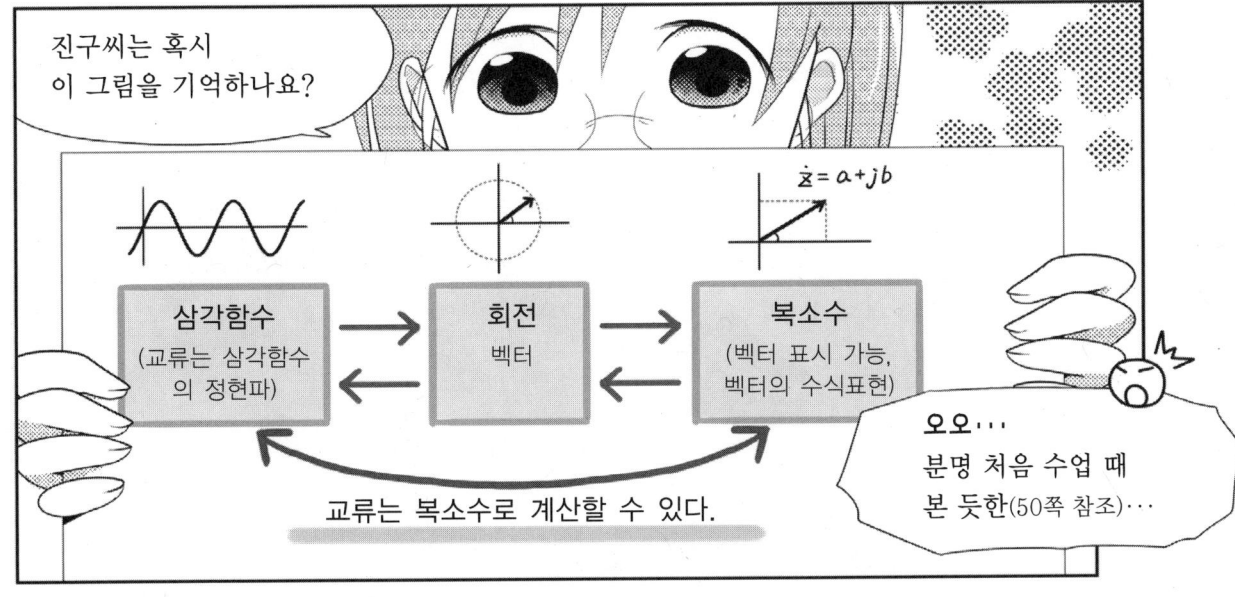

삼각함수 (교류는 삼각함수의 정현파) → 회전 벡터 → 복소수 (벡터 표시 가능, 벡터의 수식표현)

교류는 복소수로 계산할 수 있다.

오오… 분명 처음 수업 때 본 듯한(50쪽 참조)…

제4장···복소수 167

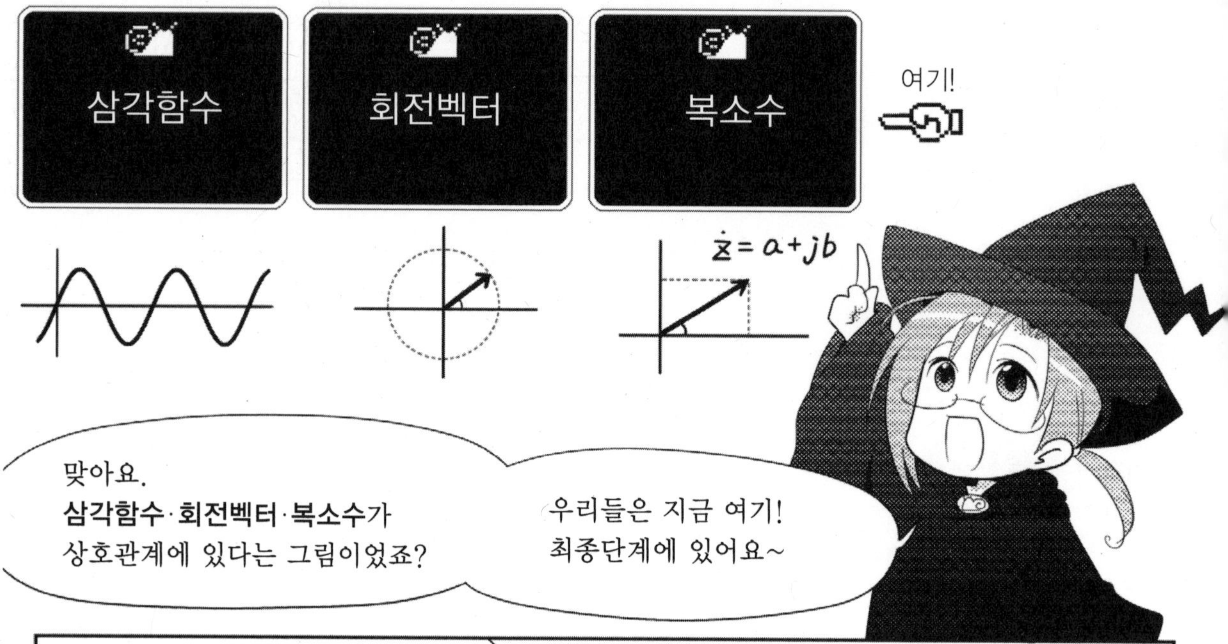

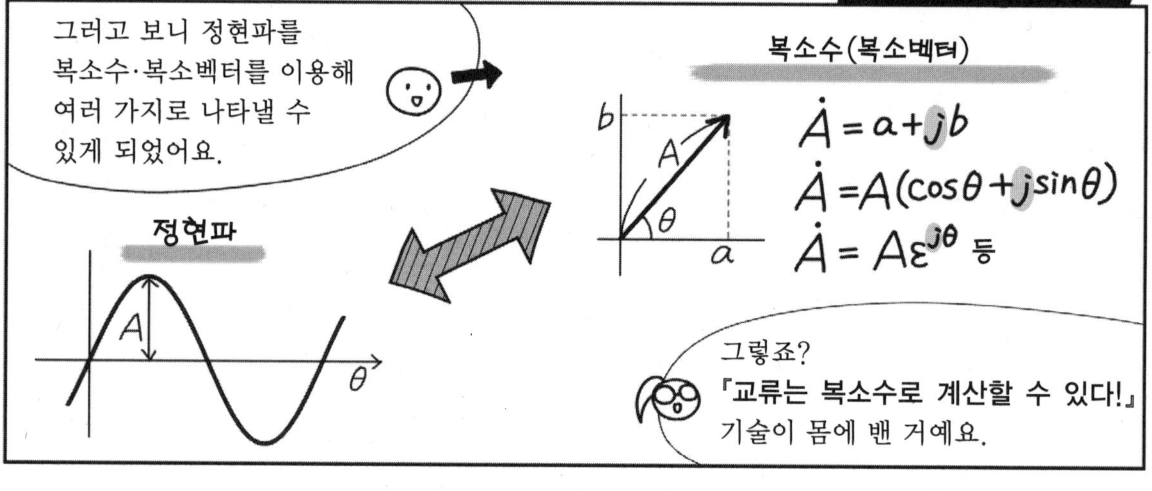

● 복소수의 계산방법

그럼, 여기에서 우리들의 강한 아군인 **복소수**의 **계산방법**에 대해 설명하겠습니다.
'1. 공역 복소수', '2. 복소수의 편각', '3. 복소수의 법칙(절대치)',
'4. 복소수의 가감승제'에 대해서 확실히 마스터합시다.

> **1 공역 복소수**
> 복소수 $\dot{A}=a+jb$라 할 때, 공역 복소수는 $\dot{A}^*=a-jb$

아래의 벡터도를 봐주세요~ 복소수와 공역복소수는 반대되는 것. 실수축을 중심으로 거울에 비친 대칭 관계입니다.

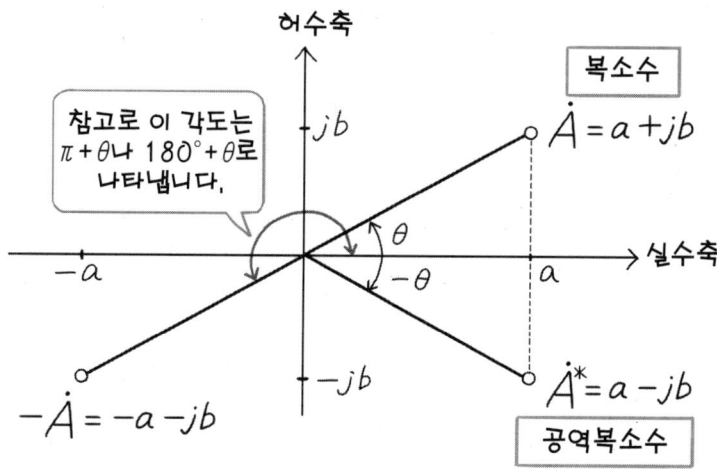

호오~ 확실히 반대네요. 플러스와 마이너스, 낮과 밤 같은… 이해하기 쉬운 예로 말하자면 주인공과 라이벌이라던가?

그거 좋네요. 실은 계산하는 도중에 공역 복소수를 자주 사용합니다.
주인공과 라이벌이 협력해서 계산할 수 있다고 생각한다면 멋지겠네요.

$$\underbrace{(a \oplus jb)}_{\dot{A}} \underbrace{(a \ominus jb)}_{\text{협력} \ \dot{A}^*} = (a \times a) - \underbrace{j^2}_{-1 \text{로 변환}}(b \times b)$$
$$= a^2 + b^2$$

 다음은 오른쪽 벡터도를 보면서
'2. 복소수의 편각'
'3. 복소수의 노름(절댓값)'
에 대해 생각해봅시다.

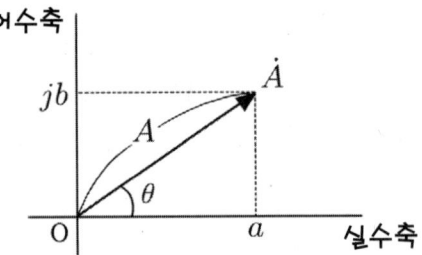

2 복소수의 편각

복소수 $\dot{A} = a + jb$라 했을 때, 편각(또는 위상각) θ는

$$\theta = \underline{\arg} \dot{A} = \tan^{-1} \frac{b}{a} \quad \left(\tan \theta = \frac{b}{a} \text{ 부터 } \theta = \tan^{-1} \frac{b}{a} \right)$$

↑
편각을 나타내는 단어
'아그' 나 '아크' 라 읽습니다.

마이너스의 차수
(100쪽 참조)

 arg는 편각 'argument(아규먼트)'를 생략한 단어입니다.

3 복소수의 노름(절댓값)

복소수 $A = a + jb$라 했을 때, 노름(절댓값)은

$$|\dot{A}| = \sqrt{a^2 + b^2} = \sqrt{(a+jb)(a-jb)} = \sqrt{\dot{A}\dot{A}^*}$$

공역 복소수의 계산방법을 참조

 으으으. 공역 복소수는 여러 부분에서 중요하네요.

CHECK!

'절댓값' 과 '노름' 은 비슷하지만 엄밀하게는 정의가 다릅니다.

『**절댓값**』은 복소수나 실수 등 **수에 한정**하여 적용합니다.
우리들이 벡터의 크기를 구할 때도 어떠한 특정의 수를 절댓값으로 하고 있습니다.

『**노름**』은 수뿐만 아니라 **공간에도** 사상이라는 형태로 적용할 수 있습니다. 벡터에 대해서도 크기뿐만 아니라 최댓값 등 여러 법칙을 생각할 수 있습니다. 요컨대 노름 쪽을 절댓값보다 **넓은 범위에 적용**할 수 있는 것입니다.

가감승제는 **덧셈**, **뺄셈**, **곱셈**, **나눗셈**입니다.

4 복소수의 가감승제

$$\dot{A} + \dot{B} = a + jb + c + jd = a + c + j(b + d)$$

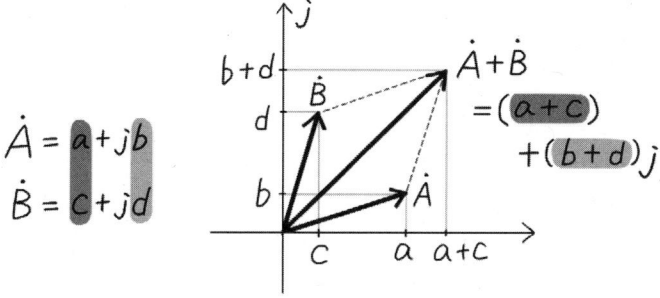

$$\dot{A} - \dot{B} = a + jb - (c + jd) = a - c + j(b - d)$$

$$\begin{aligned}\dot{A} \times \dot{B} &= (a + jb) \times (c + jd) \\ &= ac + jad + jbc + j^2 bd \\ &= (ac - bd) + j(ad + bc)\end{aligned}$$

식의 도중에 나오는 j^2은 -1로 변환한다

$$\begin{aligned}\frac{\dot{A}}{\dot{B}} &= \frac{a + jb}{c + jd} = \frac{(a + jb)(c - jd)}{(c + jd)(c - jd)} \\ &= \frac{(ac + bd) + j(bc - ad)}{c^2 + d^2}\end{aligned}$$

공역 복소수를 사용한다

 흠. 실수끼리, 허수끼리 계산하는 군요.

 네! 복소수를 다룰 때는 **실수부**와 **허수부**를 항상 의식해주세요.
복소수 계산의 해답은 역시 복소수가 됩니다.

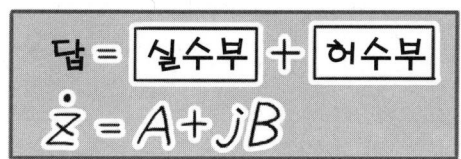

j가 앞에 있으면 허수부도 알기 쉽다.

 이 계산방법을 잘 익혔으면 다음은 문제를 풀어봅시다~

3. 복소수를 이용한 문제

 복소수의 고마움을 느끼자!

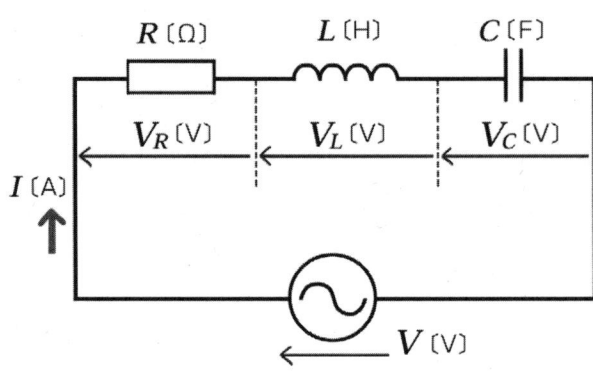

위 그림과 같은 RLC 직렬회로의 임피던스를 구하여 전압과 전류의 관계를 벡터도로 나타내어라. 단, 교류에서의 각주파수를 $\omega = 2\pi f$라 한다.

 ★ 이 문제는 2가지 풀이방법이 있습니다. 다른 풀이방법은 175쪽 참조.

드디어 **교류**전원 문제입니다!
교류 문제에서는 '**위상**'을 생각하는 게 가장 중요합니다.
위상은 복소수로 나타낼 수 있었죠?
또, 이건 **직렬**회로이므로 전류 I가 일정하다는 것입니다.
그리고 이제까지 이야기한 것을 확실히 외워두어야 합니다.

아, 이제까지 여러 가지 배웠었지요.
저항 R, 코일 L, 콘덴서 C···각각의 특징도(118쪽 참조).

네. 그 부분을 모르면 이 문제는 못 풀어요~! 벡터도를 쓰는 방법은 기본적으로 이전과 같습니다(128쪽 참조). 이번에는 **복소벡터**를 써봅시다.

우선 3개의 소자를 이용해 전압 $\dot{V}$를 나타낸다.
전류 $\dot{I}$는 일정하므로 옴의 법칙에 의해

$$\dot{V}_R = \dot{I}R \text{、} \dot{V}_L = j\omega L \dot{I} \text{、} \dot{V}_C = -j\frac{\dot{I}}{\omega C}$$

※ 위상을 나타내는 j와 $-j$
콘덴서와 코일의 리액턴스를 모르면 위의 식은 만들 수 없습니다.

$\dot{V} = \dot{V}_R + \dot{V}_L + \dot{V}_C$ 이므로

임피던스 $\dot{Z}$는

$$\dot{Z} = \frac{\dot{V}_R + \dot{V}_L + \dot{V}_C}{\dot{I}}$$

← 옴의 법칙
(저항은 임피던스 Z)

$$= \frac{\dot{I}R + j\omega L\dot{I} - j\frac{\dot{I}}{\omega C}}{\dot{I}}$$

$$= R + j\omega L - j\frac{1}{\omega C}$$

$$= R + j\left(\omega L - \frac{1}{\omega C}\right)$$

A+jB의 형태이므로 여기에서 완료.

이걸로 '임피던스를 구하라' 는 문제는 해결했습니다.
다음 페이지는 '전류와 전압의 관계를 벡터도로 나타내어라'의 해답입니다.

다음으로 전압 $\dot{V}$와 전류 $\dot{I}$와의 관계를 생각한다.

- 저항 R에서의 전압 $\dot{V}_R$과 전류 $\dot{I}$와의 관계는

$$\dot{V}_R = \dot{I}R$$

이 되므로, 전압과 전류가 동상(위상각이 같다)이 된다.

- 코일 L에서의 전압 $\dot{V}_L$과 전류 $\dot{I}$와의 관계는

$$\dot{V}_L = j\omega L \dot{I}$$

가 되므로, 전압 $\dot{V}_L$은 전류 $\dot{I}$에 의해 π/2(90°) 전진 위상이 된다.

- 콘덴서 C에서의 전압 $\dot{V}_C$와 전류 $\dot{I}$와의 관계는

$$\dot{V}_C = -j\frac{\dot{I}}{\omega C}$$

이므로, 전압 $\dot{V}_C$는 전류 I에 의해 π/2(90°) 지연 위상이 된다.
이들 관계를 그림으로 나타내면 다음과 같다.

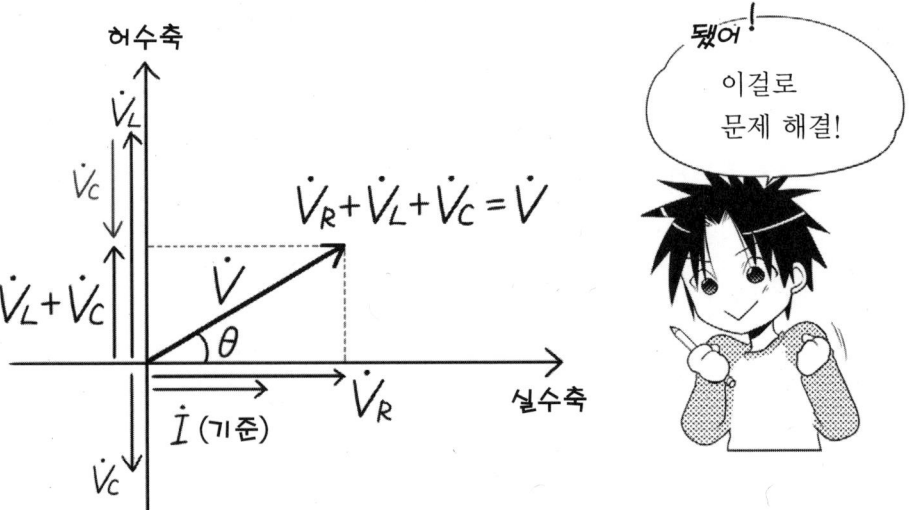

● 미적분방정식을 치환하자

 오호. 문제를 제대로 풀었네요!
하지만 이 문제에는 다른 풀이방법도 있어요.
실은 전원전압 v와 회로에 흐르는 전류 i 사이에는 이런 미적분방정식의 관계가 있어서 …

$$v = Ri + L\frac{di}{dt} + \frac{1}{C}\int i dt$$

i를 시간 t로 **미분**한다 i를 시간 t로 **적분**한다

이 식을 이용하여 문제를 풀 수 있습니다.

 우왁! 이건 무리에요! 저, 미분적분 진짜 못해요!
처음 수업에서 '복소수가 있으면 미적분을 피할 수 있다'고 하셨잖아요? 그런데 왜 이제 와서 미적분을 알아야 합니까!?

 아~ 정말 미분적분 못하나 보네요.
지금부터 할 이야기는 잘 못하는 분에게도 추천하는 방법입니다!
미적분방정식을 복소수를 이용해서 간단한 식으로 치환하는 방법입니다.
어려운 미적분방정식이라도 간단한 식으로 치환하면 쉽게 풀 수 있어요.

 네? 바꾸다뇨? 그게 가능한가요??

제4장 … 복소수 **175**

네. 이 미적분방정식은 복소표시의 식 $\dot{V}=V_m \varepsilon^{j\omega t}$이므로 이런 식으로 바꿀 수 있습니다!
※ 정상상태(전류·전압의 변화 형태가 일정)인 것을 전제로 합니다.

$$v = Ri + L\frac{di}{dt} + \frac{1}{C}\int i\,dt$$

⬇

$$\dot{V} = \left(R + j\omega L + \frac{1}{j\omega C}\right)\dot{I}$$

 어라? 여기서부터 시작하면 간단하네요.
이런 식으로 풀어 보겠습니다.

임피던스 Z는

$$\dot{Z} = \frac{\dot{V}}{\dot{I}} \quad \leftarrow \text{옴의 법칙}$$
(저항은 임피던스 Z)

$$= R + j\omega L + \frac{1}{j\omega C}$$

$$= R + j\left(\omega L - \frac{1}{\omega C}\right)$$

$A+jB$의 형태이므로, 여기에서 완료.

 맞아요! 치환할 수만 있다면 간단하지요~

 네. 그런데 왜 미적분방정식을 치환한 건가요?

후후후. 실은 이번에 이렇게 치환할 수 있었어요.

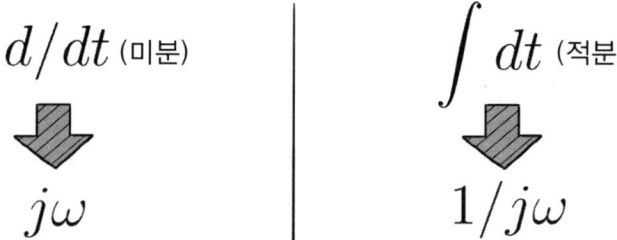

 오오, $j\omega$를 사용해서 미적분을 치환할 수 있는 건가요!? j랑 오메가 굉장하네요!

 편리하지요~ 단, 이 치환을 사용할 수 있는 건
- 미적분하는 대상이 $A\varepsilon^{j\omega t}$의 형태
- 시간(t)으로 미적분할 때

로 한정되어 있으니 주의하십시오.

왜 이 같이 치환할 수 있는지 자세한 식을 예로 들겠습니다.
문제를 풀 때는 이 식은 생략해도 괜찮습니다.

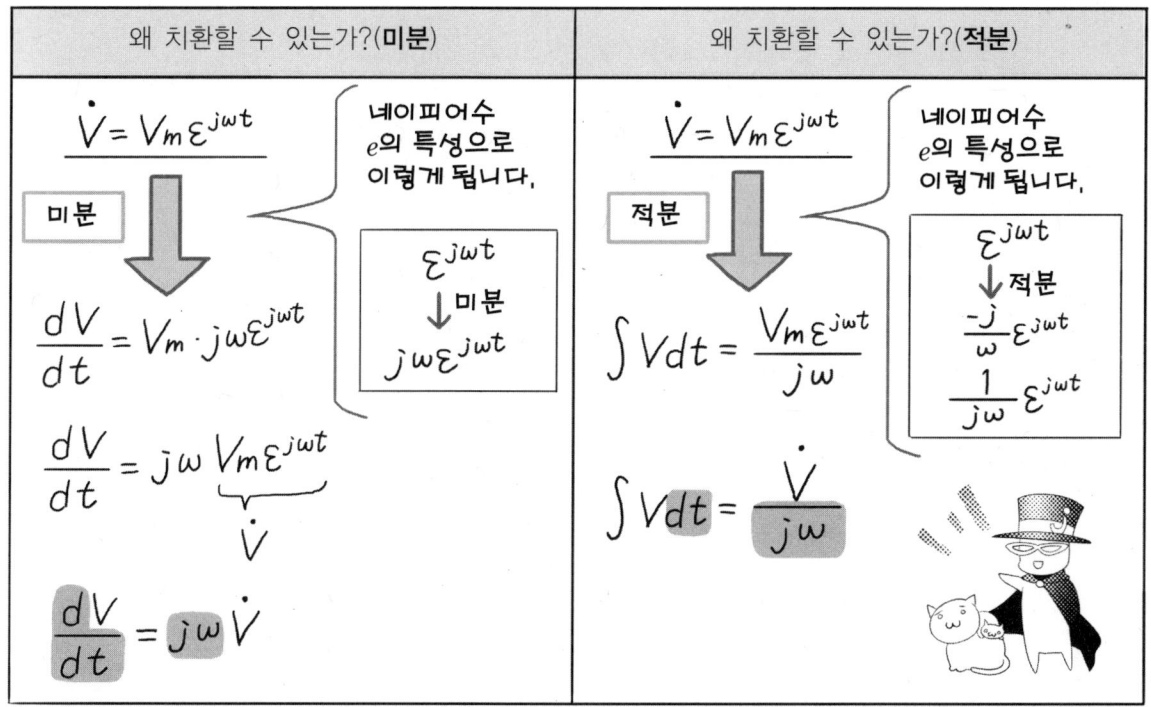

● 어느새 미분·적분을 하고 있다!?

 그건 그렇고 방금 미분적분이 조금 나온 것만으로 조바심이 나요.
적분은 고등학생 때도 잘 몰랐고 어려워했어요. 하아…

 그 기분은 알아요~
하지만 미분적분은 변화하는 형태를 조사할 때 기초가 되는 것이에요.
곡선이나 파형과도 아주 인연이 깊지요. 조금 설명하면 이와 같습니다.

- **미분**은 … 자세히 나눠 조사할 것. 접선의 기울기에 따라 변화하는 비율을 알 수 있다!

- **적분**은 … 나눈 것을 정리해보는 것. 면적이나 부피 등을 알 수 있다!

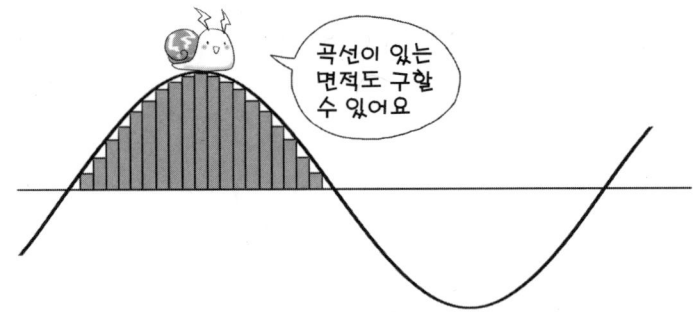

- 그리고 미분과 적분은 **표리일체**의 관계이다!

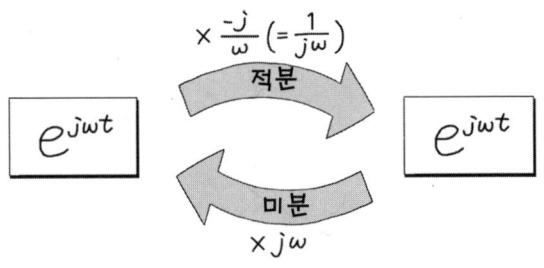

곡선, 파형, 변화 형태… 아, 확실히 미분적분은 전기를 배우는 데도 중요한 것 같네요. 하지만 역시 어려워서… 으윽.

괜찮아요~ 진구씨가 모르는 사이에 미분적분과 아주 가까워졌을 거예요. **위상**을 생각하기 위해 j를 사용했는데 실은…

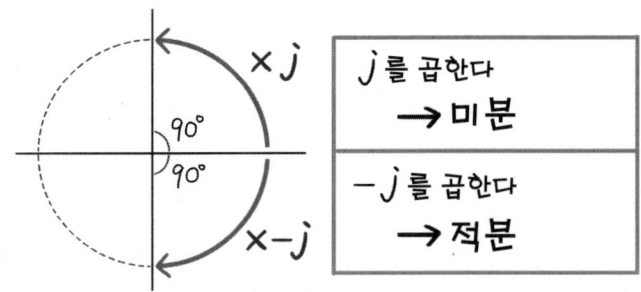

j를 곱한다 = 위상이 90° 전진하는 건 **미분하는** 것과 같은 의미이고,
$-j$를 곱한다 = 위상이 90° 지연되는 건 **적분하는** 것과 같은 의미입니다.

네!? 복소수 덕분에 어느새 미분·적분을 하고 있었다는 거군요.

또, 방금 전의 식과 같이 이런 치환을 할 수 있는 경우도 있습니다.

$$d/dt \text{ (미분)}$$
$$\Downarrow$$
$$j\omega$$

$$\int dt \text{ (적분)}$$
$$\Downarrow$$
$$1/j\omega \ (= -j/\omega)$$
$$\frac{1 \times j}{j\omega \times j} = \frac{j}{j^2\omega} = -j/\omega$$

이 경우에는 위상뿐만 아니라 크기도 고려하므로 ω가 붙어 있습니다.
『미분하는 건 90° 회전하는 것과 같이 진폭을 ω배하는 것』이라는 의미도 됩니다.

오오~ 어쨌든 위상의 경우에는 j와 $-j$를 이용.
식을 치환할 수 있는 경우에는 $j\omega$와 $-j/\omega(=1/j\omega)$를 이용하는 것으로 간단하게 미분·적분을 할 수 있다는 건가요? 완전 이득이네요!

4. 3상 교류회로

● 전선에 주목하자!

● 단상 교류와 3상 교류

우선, 『단상 교류』와 『3상 교류』에 대해 설명할게요.
일반 가정의 콘센트는 『단상 교류』이고, 전압이나 전류의 파형은 1개입니다.

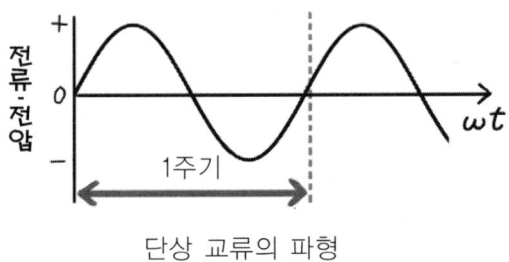

단상 교류의 파형

흠. 지금까지 배운 거죠.

한편, 회사나 공장의 업무용 전원, 전봇대의 전선 등은 『3상 교류』입니다.

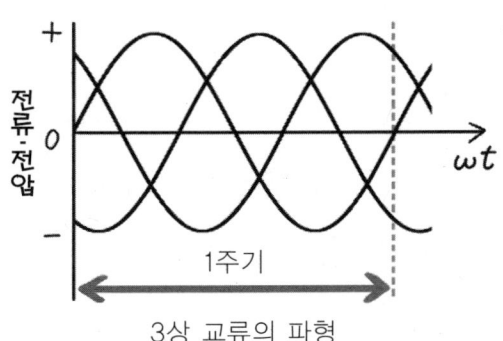

3상 교류의 파형

네엣!? 파형이 3개나 있어요!?

 3상 교류는 전력을 공급하는 데 매우 효율이 좋습니다.
가정에 공급되고 있는 전력도 도중에는 쭉 **3상 교류**입니다.
전봇대의 **변압기**에 따라 처음 **단상 교류**로 변환되고 있습니다.

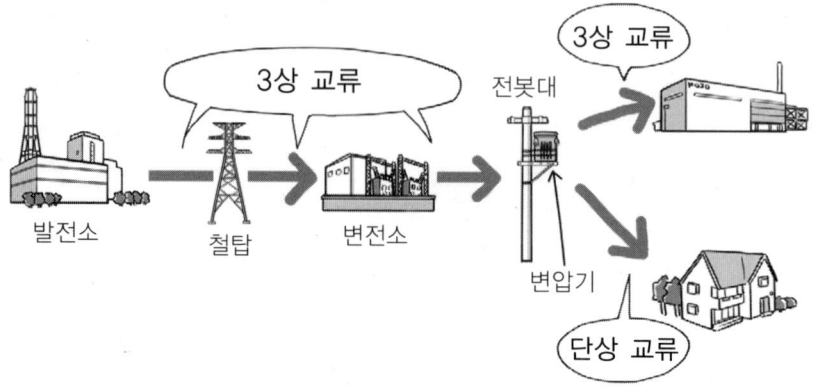

 아~! 전봇대 위쪽에 뭔가 있어요. 저게 변압긴가?

 또, 단상 교류를 회전벡터로 나타낼 수 있도록 **3상 교류**도, **회전벡터 3개로** 나타낼 수 있습니다.
전류의 벡터 3개를 $\dot{I}_a$, $\dot{I}_b$, $\dot{I}_c$로 그림으로 만들면 이와 같습니다!

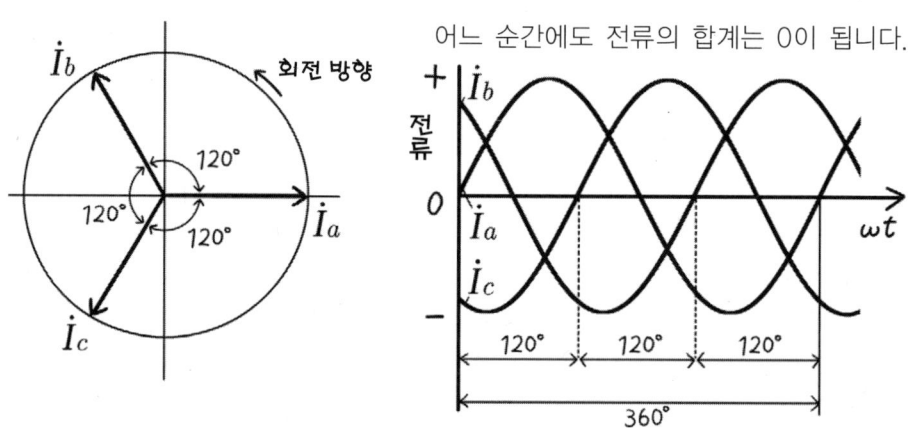

3상 교류를 나타내는 3개의 회전벡터

 흠. 각각의 전류끼리의 **위상은 120°**군요.

182 만화로 쉽게 배우는 전기수학

● 3상 교류의 회로도

 그럼, 다음은 3상 교류의 **회로도**를 생각해봅시다!
어떤 그림이 나올지 상상됩니까?

 음. 단상 교류 회로도는 이렇지요⋯이게 3배가 되는 건가⋯?

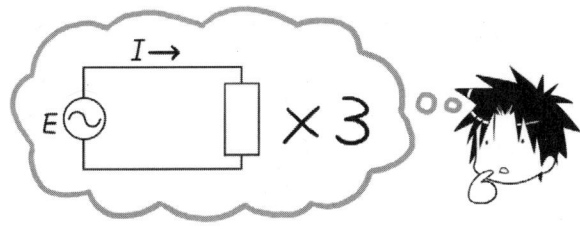

 기본적으로 그렇게 생각할 수 있지요.
그럼 실제로 단상 교류 3개를 만들어봅시다~

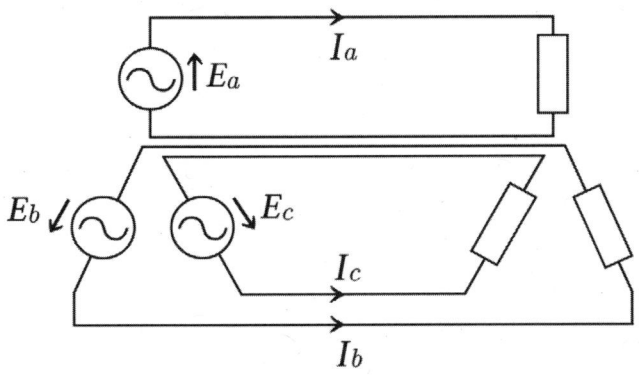

 우와. 형태가 굉장한데요! 전선도 많아지는 군요.

제4장⋯복소수 183

 많죠? 하지만 실은 이 전선은 생략할 수 있습니다.
우선, 둥글게 둘러싼 부분의 3개의 전선은 공통되는 1개로 만들 수 있습니다.

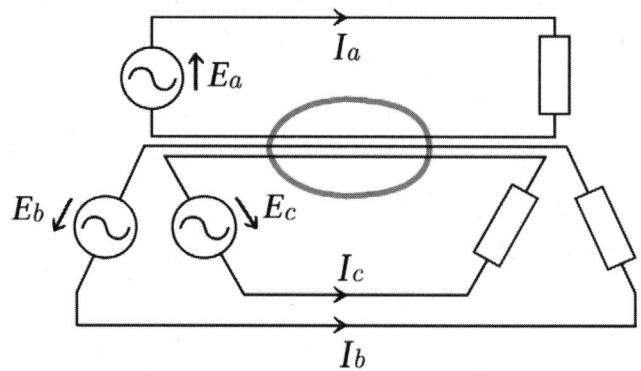

I_a, I_b, I_c의 전류 크기는 같고, 그리고 위상이 있고 벗어나 있어서 이 전선은 공유해도 문제가 없습니다.

 흠.
그렇게 하면 아래 그림과 같이 전선은 합이 4개가 되네요!

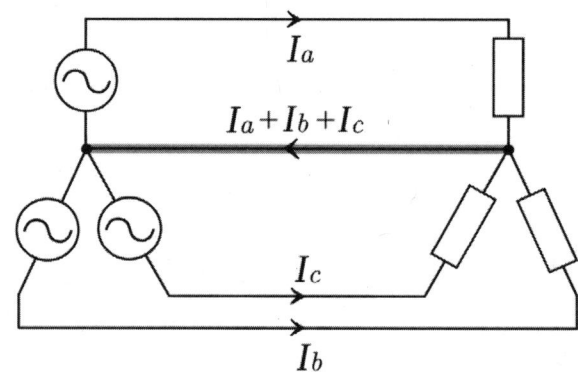

그림 a 전선을 공유하고 있는 모습

 네! 하지만 여기에서 더 생략할 수 있습니다.
실은 이 1개로 합친 전선은 없애도 괜찮습니다.

 네!? 더 생략해요?

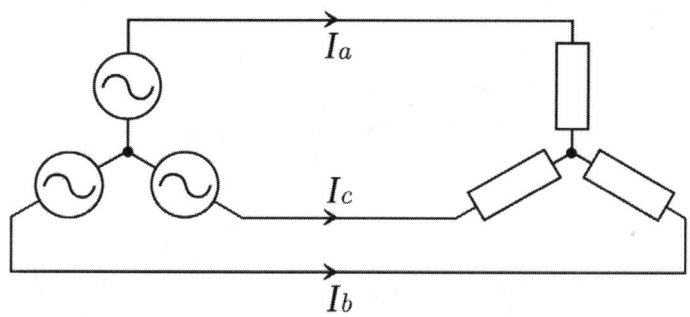

그림 b 3상 교류의 회로도

 자, 완성했습니다! 이것이 **3상 교류의 회로도**입니다.
이 3줄의 전선이 전봇대에서 볼 수 있는 3줄의 송전선에 해당하는 것입니다!

 아, 확실히 전봇대의 전선은 3줄이지요. 그런데 이렇게 생략해도 되나요?
너무 구두쇠처럼 절약하면 뭔가 지장이 생기는 거 아닌가요?

 괜찮아요~ 전기수학적으로 생각해도 전혀 지장이 없습니다.
실은, 방금 전의 『그림 a 전선을 공유하고 있는 모습』의 $I_a+I_b+I_c$의 전선에 흐르는 **전류는 0**이었습니다.

 네!? 저 부분에는 전류가 흐르지 않나요?
그럼, 전선이 있어도 소용없고, 없애도 되잖아요.
그런데 정말 전류가 0인가요? 신기하네요.

 그죠? 신기하죠. 이 전류 0은 계산으로 증명해볼게요.
문제로 풀어봅시다!

 **문제** 전류 0을 증명해보자!

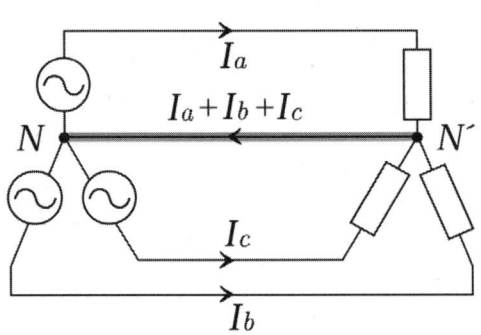

위 그림과 같은 3상 교류회로에서 N과 N' 사이에 흐르는 전류가 0이 되는 것을 증명하시오.

 **풀이**

3상 교류회로의 위상은 각각 120°였지요?(182쪽 참조)
120°를 **호도법**으로 나타내고 **지수함수**를 이용하면, 3개의 전류는 이런 식으로 나타낼 수 있습니다.

지수함수 표시
$$\dot{A} = A\varepsilon^{j\theta}$$
를 이용하면…

$$\dot{I}_a = |I|$$
$$\dot{I}_b = |I|\varepsilon^{j\frac{2}{3}\pi}$$
$$\dot{I}_c = |I|\varepsilon^{j\frac{4}{3}\pi}$$

120°
120°

또, 이 문제에서도 **오일러의 공식**이 매우 중요합니다.
계산할 때는 이쪽 표도 참고해주십시오~

θ	120°	135°	150°	180°	210°	225°	240°	270°	300°	315°	330°	360°
[rad]	$\frac{2}{3}\pi$	$\frac{3}{4}\pi$	$\frac{5}{6}\pi$	π	$\frac{7}{6}\pi$	$\frac{5}{4}\pi$	$\frac{4}{3}\pi$	$\frac{3}{2}\pi$	$\frac{5}{3}\pi$	$\frac{21}{12}\pi$	$\frac{11}{6}\pi$	2π
$\sin\theta$	$\frac{\sqrt{3}}{2}$	$\frac{1}{\sqrt{2}}$	$\frac{1}{2}$	0	$-\frac{1}{2}$	$-\frac{1}{\sqrt{2}}$	$-\frac{\sqrt{3}}{2}$	-1	$-\frac{\sqrt{3}}{2}$	$-\frac{1}{\sqrt{2}}$	$-\frac{1}{2}$	0
$\cos\theta$	$-\frac{1}{2}$	$-\frac{1}{\sqrt{2}}$	$-\frac{\sqrt{3}}{2}$	-1	$-\frac{\sqrt{3}}{2}$	$-\frac{1}{\sqrt{2}}$	$-\frac{1}{2}$	0	$\frac{1}{2}$	$\frac{1}{\sqrt{2}}$	$\frac{\sqrt{3}}{2}$	1

$$I_{NN'} = I_a + I_b + I_c$$
(NN' 사이의 전류)
$$= |I| + |I|\varepsilon^{j\frac{2}{3}\pi} + |I|\varepsilon^{j\frac{4}{3}\pi}$$
$$= |I|\{1 + \varepsilon^{j\frac{2}{3}\pi} + \varepsilon^{j\frac{4}{3}\pi}\}$$

이 부분에 대해 생각해 봅시다!

오일러의 공식
$$\varepsilon^{j\theta} = \cos\theta + j\sin\theta \text{를 이용해서}$$

120°   120°
$$\varepsilon^{j\frac{2}{3}\pi} = \cos\frac{2}{3}\pi + j\sin\frac{2}{3}\pi$$
$$= -\frac{1}{2} + j\frac{\sqrt{3}}{2}$$

240°   240°
$$\varepsilon^{j\frac{4}{3}\pi} = \cos\frac{4}{3}\pi + j\sin\frac{4}{3}\pi$$
$$= -\frac{1}{2} - j\frac{\sqrt{3}}{2}$$

$$= |I|\left\{1 + \left(-\frac{1}{2} + j\frac{\sqrt{3}}{2}\right) + \left(-\frac{1}{2} - j\frac{\sqrt{3}}{2}\right)\right\}$$
$$= 0$$

아~ 확실하게 증명했습니다! 이걸로 전선은 1줄 덜 필요하게 됩니다.
전봇대의 전선과 같이 합이 3줄이 되는 거군요.

● 참새는 왜 감전되지 않을까?

※ 교류의 경우, 600V를 넘는 것을 고압이라 합니다.

6,600V의 고압전선

두 다리의 전압은 같다

아~ 그렇군요.
새의 두 다리 정도의 작은 간격이라면 전압차가 없다는 거군요.

전압차가 없으면 전류도 흐르지 않고!

실은 이같이 한 전선에만 앉아있는 경우는 '참새의 두 다리에 전압 차가 없기 때문에 참새에게는 전류가 흐르지 않는다'는 것입니다.

그 밖에도 다음과 같이 설명할 수 있습니다.

참새의 오른쪽 다리와 왼쪽 다리 사이의 전선의 저항은 0

그에 비해 참새 몸의 저항은 크다

저항 떠~억!

저항 0

그러므로 전류는 참새의 몸통을 통과하지 않고 전선만 통과하고 있다!

아~ 이것도 알겠네요.

전기는 참새를 무시하고 흐르는 거군요.

※ 매우 적은 고압차나 저항은 무시할 수 있습니다.

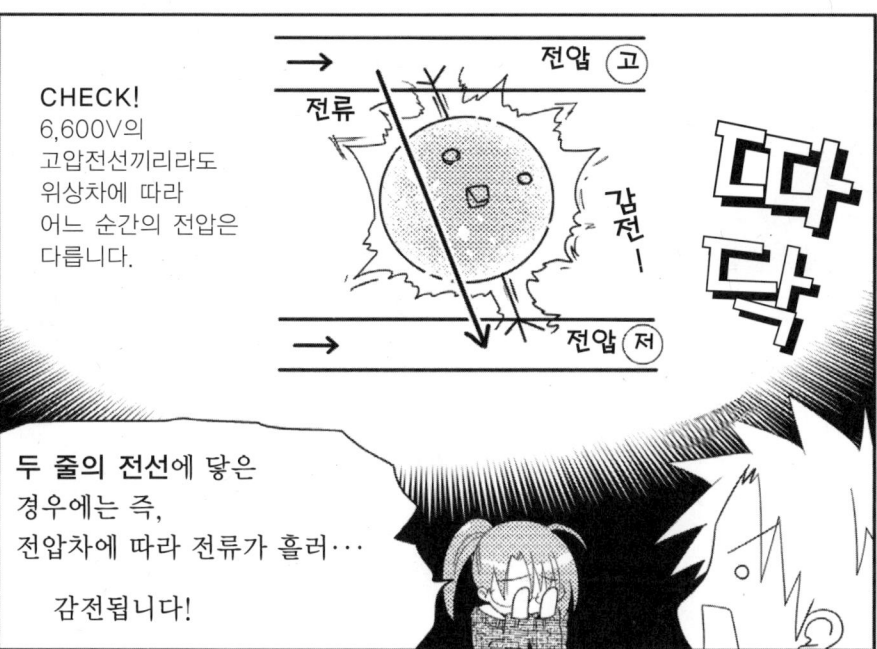

여기에서 주의해야 할 점은 전선이 한 줄이 아닐 때입니다.

CHECK!
6,600V의 고압전선끼리라도 위상차에 따라 어느 순간의 전압은 다릅니다.

두 줄의 전선에 닿은 경우에는 즉, 전압차에 따라 전류가 흘러…

감전됩니다!

결국 전압차가 있으면 감전된다는 것입니다.

실제로는 참새는 몸이 작아 두 줄에는 닿지 않을 거예요.

하지만 어쩌다가 까마귀나 뱀이 감전되어 정전이 되는 경우도 있고… 설령 동물이라도 감전사 당하는 것을 보면 슬프지요.

최근 도시에서는 절연전선*이라는 걸 사용하고 있어서 감전되지 않는 경우도 있지만

조심하세요…

그…그 정도 상식은 있어요!!

※ 절연전선은 전기가 통하는 금속부분이 절연체(전기가 잘 안 통하는 물질)로 씌워져 있습니다.

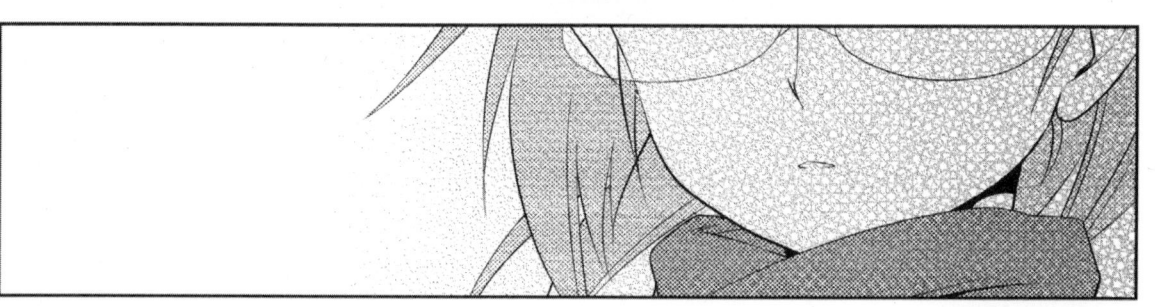

제5장

방정식·부등식으로 풀 수 있는 전기회로
〈2〉 교류회로

1. 2차 방정식, 2차 부등식의 풀이방법

● 2차 방정식과 2차 부등식

제5장···방정식·부등식으로 풀 수 있는 전기회로 〈2〉 교류회로

● 근의 공식

 그럼, 우선 2차 방정식의 풀이방법을 봅시다.
이 방정식의 **근의 공식**은 다음과 같습니다.

$$ax^2 + bx + c = 0 \quad \xrightarrow{\text{근의 공식은}} \quad x = \frac{-b \pm \sqrt{b^2 - 4ac}}{2a}$$

 아~ 이런 거 외웠던 기억이 나네요.

 여기에서 중요한 건 루트 속이에요!

$$x = \frac{-b \pm \sqrt{\boxed{b^2 - 4ac}}}{2a} \quad \leftarrow \text{판별식 } D$$

 $b^2 - 4ac$를 **판별식 D**라 합니다.
이 D의 수치에 따라 2차 방정식의 해의 개수를 알 수 있어요.
2차 방정식과 해의 개수의 관계는 다음과 같습니다.

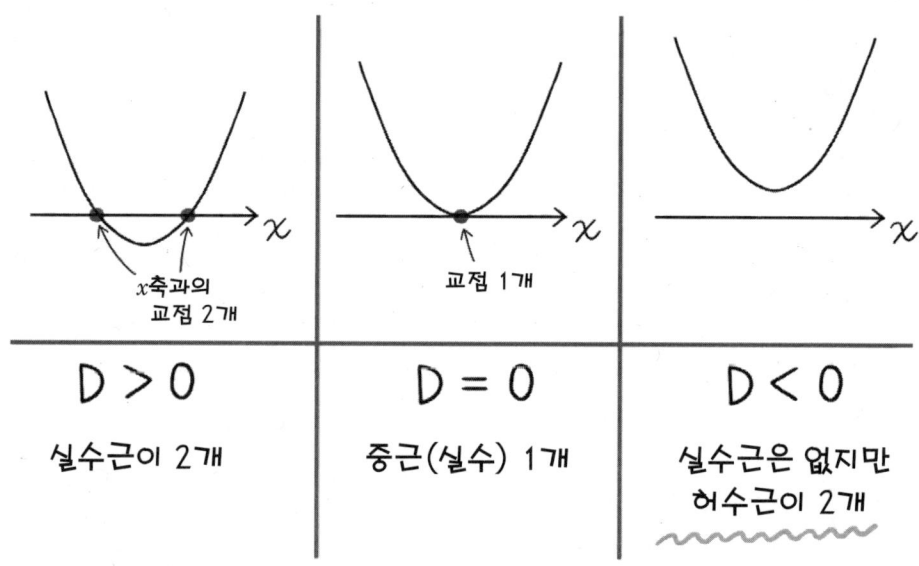

그렇군요. $b^2-4ac<0$일 때, 즉, 루트 속이 마이너스가 될 때, **해가 허수**가 되는군요.
그리고 근의 공식에 플러스와 마이너스가 있으니까 해는 2개가 되는거고…

 맞아요! 결국 D<0의 2차 방정식에 어떻게든 해를 구하기 위해 허수가 생긴 것입니다 (154쪽 참조).
또, D<0의 경우는 복소수에서의 해를 이같이 나타낼 수 있습니다!

$$x = \frac{-b \pm j\sqrt{4ac-b^2}}{2a} = \underbrace{-\frac{b}{2a}}_{\text{실수부}} \pm \underbrace{j\frac{\sqrt{4ac-b^2}}{2a}}_{\text{허수부}}$$

 아~! 근의 공식도 실수부와 허수부로 나누어 생각할 수 있군요.

 그럼, 일반적인 2차 방정식의 식을 풀어봅시다.
인수분해에 대해서도 다음에 설명할게요.

$x^2+3x+2=0$을 푸시오.

【풀이】

이것은 좌변이 인수분해할 수 있는 형태이므로, 인수분해해서 해를 구한다.

$(x+2)(x+1)=0$

이 되므로, 이 방정식은 $x+2=0$이나 $x+1=0$을 만족하면 된다.

각각의 해는 $x=-2$ 또는 $x=-1$이 된다.

또, 인수분해가 어려운 2차 방정식 $ax^2+bx+c=0$에서는

근의 공식

$$x = \frac{-b \pm \sqrt{b^2-4ac}}{2a}$$

으로 천천히 풀어도 된다.

● 정식(整式)의 인수분해

 인수분해⋯ 그 단어만 들어도 안 좋은 기억이⋯!

 우선 인수분해의 의미에 대해 복습합시다.

$$\underbrace{(x-2)(x-3)}_{\text{인수}} \xrightleftharpoons[\text{인수분해}]{\text{전개}} x^2 - 5x + 6$$

인수분해란 1개의 정식을 2개 이상의 정식의 곱으로 나타내는 것입니다.
또, 곱셈을 만들고 있는 각각의 정식을 인수라 합니다.

 아, 그 이름대로 인수를 분해하는 거군요.
'식의 전개를 거꾸로 한 것'이라고 생각하면, 이해가 더 잘 되겠어요.

 그렇죠. 이하는 중요한 공식입니다.
확실하게 의미를 이해해두세요.

인수분해 공식

1. $ma + mb = m(a + b)$ ⋯⋯ 공통된 인수로 묶는다

2. $x^2 + (a + b)x + ab = (x + a)(x + b)$ ⋯⋯ 합이 $(a+b)$, 곱이 ab인 형태

3. $x^2 + 2ax + a^2 = (x + a)^2$ ⋯⋯ 위 식에서 $a=b$인 경우

4. $x^2 - 2ax + a^2 = (x - a)^2$ ⋯⋯ a가 음수인 경우

5. $x^2 - a^2 = (x + a)(x - a)$ ⋯⋯ 제곱끼리의 차

6. $acx^2 + (ad + bc)x + bd = (ax + b)(cx + d)$ ⋯⋯ 일반적인 인수분해

7. $a^3 + b^3 = (a + b)(a^2 - ab + b^2)$

8. $a^3 - b^3 = (a - b)(a^2 + ab + b^2)$

그럼 바로 방금 전 '공식 6'을 사용해 일반적인 인수분해를 해봅시다.

$5x^2 - 7x - 6$을 인수분해하시오.

【풀이와 답】 공식 6에서 $ac=5$, $ad+bc=-7$, $bd=-6$이 되는 a, b, c, d를 구하면 된다.

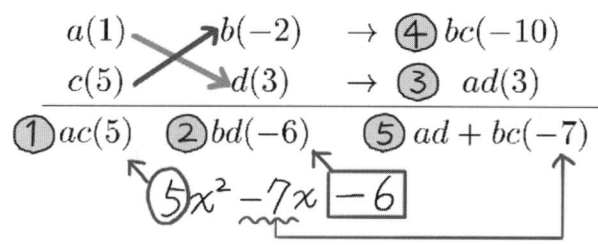

구하는 순서
① $ac=5$가 되는 a와 c를 생각한다
② $bd=-6$이 되는 b와 d를 생각한다
③ 대각선으로 곱해서 ad를 구한다
④ 대각선으로 곱해서 bc를 구한다
⑤ $ad+bc$가 -7이라면 정답!

이 같이 $a=1$, $b=-2$, $c=5$, $d=3$이 되어야 하므로,
$$5x^2 - 7x - 6 = (x-2)(5x+3)$$

 흠. 인수분해는 알겠지만… 그래도 결국 이건 어디에 도움이 되는 건가요?

 여기에서 간단한 예를 들어보겠습니다.
진구씨 갑작스럽겠지만 61×59를 암산으로 풀어보세요. 빨리!

 네!? 무리에요!!

 후후후. 실은 이거 방금 전의 '공식5'!
$x^2 - a^2 = (x+a)(x-a)$를 사용하면 바로 답이 나와요.
$61 \times 59 = (60+1)(60-1) = 60 \times 60 - 1 \times 1 = 3600 - 1 = 3599$
라고 머릿속에서 계산할 수 있어요. 간단해서 좋지요~

 앗, 정말 그렇네. 조금 분하네…!

 인수분해를 알고 있으면 수식을 여러 방식으로 파악할 수 있습니다. 수를 보는 눈이 바뀌어 수식도 잘 다룰 수 있게 됩니다.

제5장···방정식·부등식으로 풀 수 있는 전기회로 ⟨2⟩ 교류회로

● 연립부등식 풀이방법

 그럼, 여기에서 연립부등식의 풀이방법을 생각해봅시다.
각각의 식의 답을 **동시에 만족시키는 영역**을 해라고 합니다.
그 영역이 없는 경우에는 **해가** 없는 것이 됩니다.

$$\begin{cases} 3x-2>4 \\ x+2\leq 7 \end{cases}$$을 푸시오.

【풀이와 답】 위의 부등식 $3x-2>4$는 $3x>6$이 되므로,
양변을 3으로 나누면 $x>2$가 된다.
아래의 부등식 $x+2\leq 7$은 $x\leq 5$가 된다.
따라서 2개의 답을 동시에 만족시키는 영역은 $2<x\leq 5$이다.

 아~ 동시에 만족하는 영역이라는 게 일상에서도 자주 있지요.
월세집을 찾는데 내가 낼 수 있는 집세는 월 50만원 이하.
월세집이 월 20만원 보다 큰 금액은 얼마든지 있으니까, 그렇게 하면 내가 빌릴 수 있는
건 '20만원보다 크고 50만원 이하' 인 방이네요.

 맞아요. 그거랑 비슷해요, 그 때 월 60만원 이상의 건물만 있다면 해는 없는 것이 되므로, 빌릴 수 있는 집이 없다는 것이 됩니다~

 스, 슬픈 예네요.

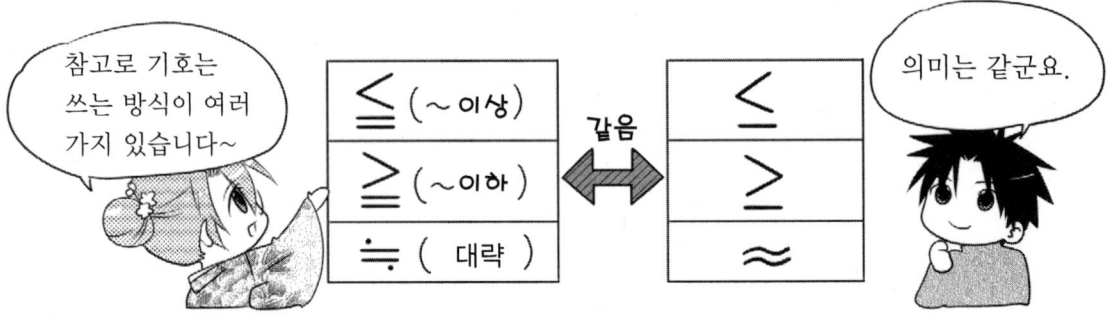

● 2차 부등식 풀이방법

 그럼, 다음으로 **2차 부등식**의 풀이방법에 대해 설명하겠습니다.
2차 부등식을 풀기 위해서는 우선, 2차 방정식을 생각해야 합니다.

$$ax^2 + bx + c = 0$$

이 식이 2개의 실수해를 가질 때의 경우를 생각해봅시다.
실수해 2개를 α와 β라 합니다.

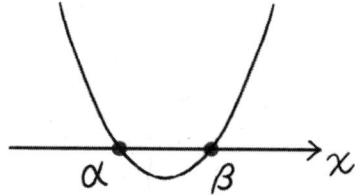

 흠. $\alpha < \beta$이군요.

 이 때, 2차 부등식의 해는 다음과 같습니다.

$ax^2 + bx + c > 0$	$ax^2 + bx + c < 0$
$x < \alpha,\ x > \beta$	$\alpha < x < \beta$

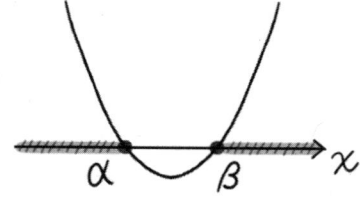 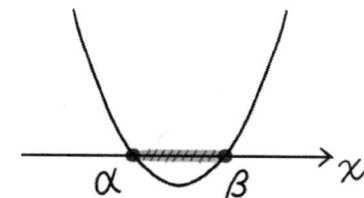

 오오~ 원래 식의 부등호에 따라 해도 바뀌는 군요.

 네! 그래서 부등호 방향에 주의해야 합니다.

2. 라디오에 관한 전기수학 문제

● 동조란 무엇인가?

그러고 보니 방송을 선택하는 건 **주파수**로 되어 있네요.

이 다이얼로 듣고 싶은 방송의 주파수를 라디오에 지정했다는 건가…

맞아요! 진구씨 예리하네요!

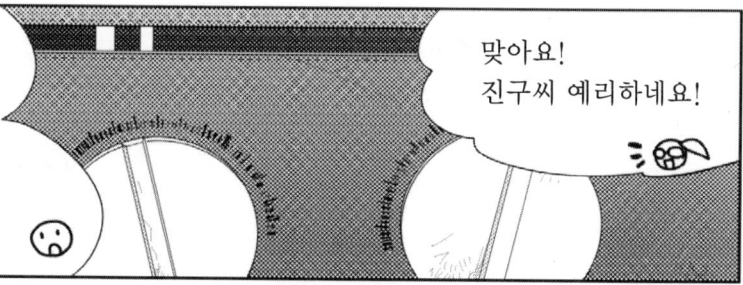

아시다시피 라디오에는 여러 방송국이 있습니다.

라디오란 음성으로 정보를 전파를 통해 방송하는 구조입니다.

그래서 우리들은 방송국이 각각 발하는 전파를 이 라디오로 수신하고 있는 것입니다.

라디오 방송국 일람표

AM	FM
711KHz KBS 제1라디오	87.75MHz SBS
792KHz SBS 러브FM	89.1MHz KBS Cool FM
837KHz : CBS 기독교 방송	91.9MHz MBC FM4U
900KHz MBC 라디오	95.1MHz TBS 교통방송
1188KHz FEBC 극동방송	107.7MHz SBS Power FM

＊서울/수도권의 경우

즉, 라디오가 없으니까 안 들리는 것뿐으로 평소에도 방송국에서 나온 전파가 우리 주위를 맴돌고 있습니다.

방송국을 고른다는 건 맴돌고 있는 복수의 전파에서 수신하고 싶은 전파(전류)의 주파수를 골라잡는다는 것입니다.

제대로 주파수를 잡지 않으면 잡음이 들립니다.

그건 라디오가 몇 종류의 전파를 동시에 수신하고 있다는 것입니다.

그렇군요.

제5장…방정식·부등식으로 풀 수 있는 전기회로 〈2〉 교류회로

라디오와 같이 어느 특정된 주파수의 전류를 골라잡는 것을 『동조(同調)』라고 합니다.

이 동조에 필요한 것이…

앗! 또 나왔다.

코일과 콘덴서입니다.

방송국을 선택하기 위해 다이얼을 돌릴 때 라디오 속에서는 이 코일과 콘덴서가 움직입니다.

동조란 **코일과 콘덴서의 공동 작업에 의한** 것입니다.

그렇구나… 너희들 그 때… 도와줘서 고마워…!

크리스마스의 추억.

● 공진주파수

그럼 이제부터 『동조』의 구조에 대해 자세히 설명하겠습니다~
우선 코일과 콘덴서의 특징을 생각해보세요.

유도 리액턴스(교류에서의 코일의 저항)는 주파수에 **비례**
용량 리액턴스(교류에서의 콘덴서의 저항)는 주파수에 **반비례**하는 거였죠?
(120쪽 참조)

아~ 그러고 보니 그런 이야기를 들었어요. **정반대의 성질**이네요.

그게 중요해요! 정반대의 성질의 코일과 콘덴서를 조합하는 것으로, 동조의 역할을 가진 회로인 『동조회로』를 만들 수 있습니다.

아래 그래프를 봐주세요.
이건 주파수에 따라 변화하는 유도 리액턴스와 용량 리액턴스의 모습입니다.
주파수를 조금씩 변화시키면 어느 특정한 주파수에서 큰 변화가 있습니다.

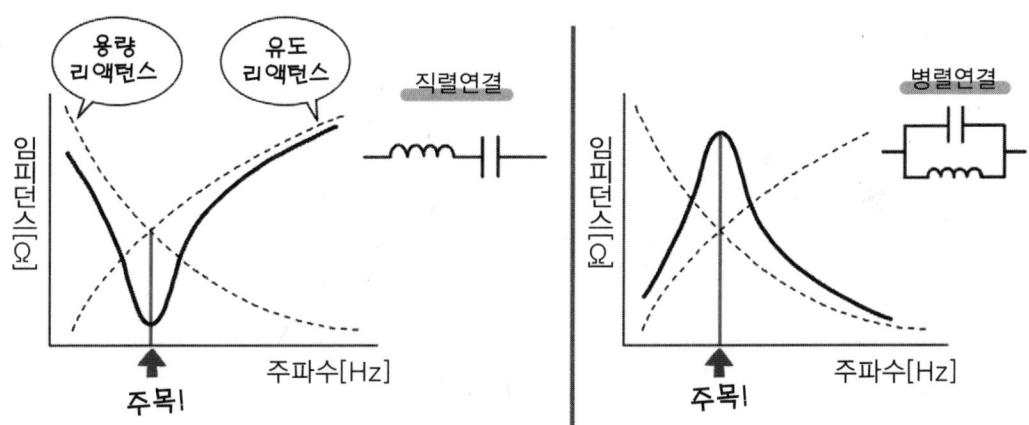

코일과 콘덴서에 의한 동조회로
(유도 리액턴스와 용량 리액턴스가 주파수에 의해 변화한다.)

오오! 유도 리액턴스와 용량 리액턴스의 곡선이 교차하는 부분에서 임피던스의 크기가 갑자기 변화하고 있네요.

 네! 이 큰 변화가 나오는 부분을 **동조점**이라 하며, 이때의 주파수를 **공진주파수**라 합니다.

직렬연결을 예로 들어 설명하겠습니다.
즉, 임피던스를 최소로 하는 주파수가 『**공진주파수**』입니다.

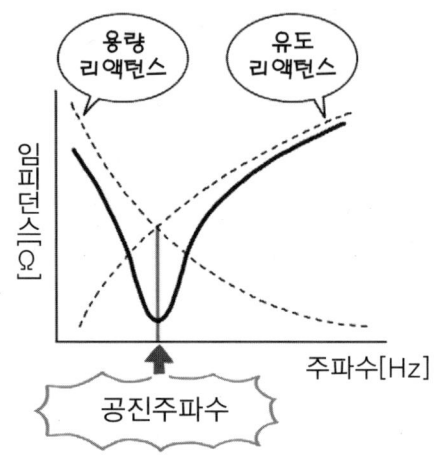

 그럼, **공진주파수**일 때, 그 직렬회로의 임피던스는 최소.
옴의 법칙으로 그 때 전류는 최대라고도 할 수 있겠군요.

 네, 맞아요! 방금 전 라디오 방송국을 생각해보세요.
어느 방송 … 예를 들면, KBS 제1라디오 711KHz가 듣고 싶으면…
그 주파수(711KHz)가 **공진주파수**가 되도록 하면 됩니다!

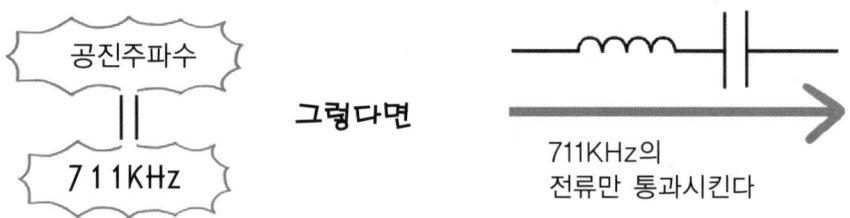

저항은 최소, 전류가 최대가 되어 필요한 주파수를 얻게 되고, 동시에 다른 주파수에 대해서는 저항이 커져, 불필요한 주파수가 섞이지 않게 됩니다~

 그렇군요! 그건 딱 특정 전류를 골라내는 『동조』의 효과.
그렇게 되도록 코일과 콘덴서가 움직이는군요.
그게 동조회로라는 건가.

…어라? 그런데 어떻게 특정 주파수(예를 들면 711KHz)를 **공진주파수**로 만드나요?

 라디오의 경우 **가변콘덴서**, 통칭 바리콘이라는 것이 있습니다.
이름대로 콘덴서의 커패시턴스(= 정전용량, 전기용량)를 바꿀 수 있는 부품입니다.

가변콘덴서의 전기기호

 아~ 뭔지 알 것 같아요!
콘덴서 용량이 바뀌면 용량 리액턴스가 바뀌고 공진주파수도 바뀝니다. 가변콘덴서에 따라 '특정 주파수가 공진주파수가 되도록 조절하고 있다'는 거군요.

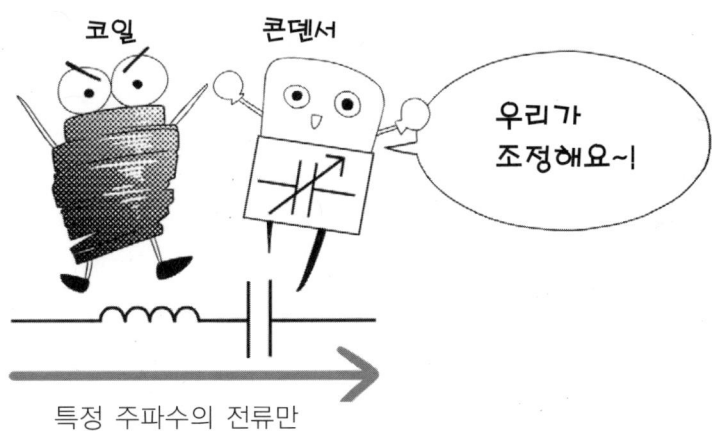

특정 주파수의 전류만

 네. 동조나 공진주파수에 대해서는 확실히 이해한 것 같네요.
그럼 이 이야기를 토대로 문제를 풀어봅시다!

 **문제** 공진주파수를 구하시오!

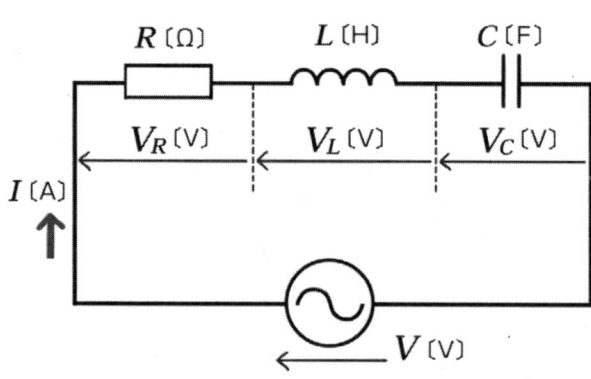

RLC 직렬회로에서 공진주파수 f를 구하시오. 각주파수를 $\omega = 2\pi f$라 한다.

 **풀이**

음…
공진주파수 f를 구하는 건 도대체 어떻게 해야 되지?

우선, 공진주파수의 정의를 생각해보세요.
직렬연결인 경우, 그 회로에서의 임피던스를 최소로 만드는 주파수가 「**공진주파수**」였죠?

즉, 임피던스의 크기를 생각해서 그게 최소가 되는 경우를 생각하면 됩니다.

그렇군요. RLC 직렬회로에서의 임피던스 Z는 이전에 구했던 적이 있었죠! (172쪽 참조)

네. 임피던스 식에는 ω가 사용되고 있으니까 마지막에는 각주파수 $\omega = 2\pi f$를 이용해서 f를 구합시다.

이 회로의 임피던스 $\dot{Z}$는

$$\dot{Z} = R + j\left(\omega L - \frac{1}{\omega C}\right)$$

따라서 임피던스의 크기 |Z|는

$$|Z| = \sqrt{R^2 + \left(\omega L - \frac{1}{\omega C}\right)^2}$$

공진주파수 f는, |Z|를 최소로 만든 주파수이기 때문에

$$\omega L - \frac{1}{\omega C} = 0 \quad \leftarrow \text{이거라면 루트 안이 최소가 됩니다!}$$

이 성립하는 각주파수 ω를 구하고 주파수로 변환하면 된다.

point! 마지막으로 구하고 싶은 건 f이므로, 그 전단계로서 ω에 주목하고 있습니다.

이 방정식은 $\qquad \omega^2 LC - 1 = 0$ (전체에 ωC를 곱함)

$$\omega^2 = \frac{1}{LC}$$

이라 바꿔 쓸 수 있기 때문에

$$\omega = \pm \frac{1}{\sqrt{LC}}$$

이지만 물리적으로 음의 각주파수는 생각하지 않는다.

따라서 $\qquad\qquad\qquad \omega = \dfrac{1}{\sqrt{LC}}$

$\omega = 2\pi f$에 의해 $\qquad\qquad = \dfrac{1}{2\pi\sqrt{LC}}$

아~! 이 식에서도 공진주파수에 코일과 콘덴서가 관여되어 있는 걸 알 수 있네요.

● 증폭과 트랜지스터

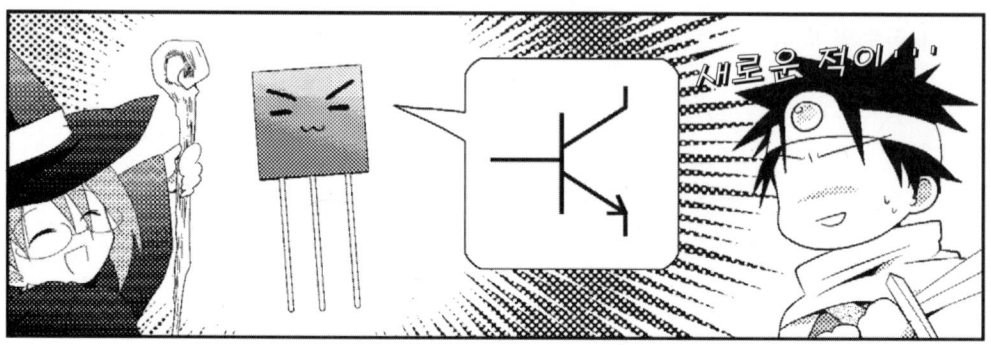

 그럼, 계속해서 라디오에 대해 이야기하겠습니다.
실제 라디오에서는 동조와 함께 **『증폭』**이라는 것이 이루어지고 있습니다.
동조로 얻은 특정 주파수의 전기신호를 **더 크게** 만드는 것입니다.
증폭에는 **트랜지스터**라는 것이 사용되어 회로도 전자회로가 됩니다.

 오잉?? 트랜지스터? 전자회로? 지금까지 본 전기회로하고는 다른가요?

 네. 지금부터 설명할 건 전기회로가 아니라 더 복잡한 전자회로입니다.
전자회로는 RLC 외에 다이오드나 트랜지스터 등과 같은 **반도체소자**가 포함되어 있습니다.

다이오드	트랜지스터
삼각형 방향으로만 전류를 흐르게 하고, 그 반대 방향으로는 전류가 흐르지 않게 하는 성질이 있습니다.	증폭 또는 전류가 흐르게 하기 위한 스위치와 같은 역할을 합니다.

 오오~ 뭔가 하이테크 같아요. 전류의 흐름도 어려워질 거 같네요.

 그렇게 어렵게 생각하지 말고 간단하게 생각하세요~
이게 동조 증폭 회로입니다! 보세요.

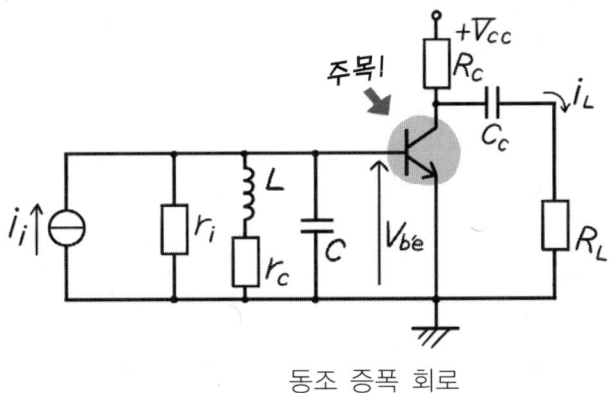

동조 증폭 회로

 우와아아~ 엄청 어려워 보여요. **트랜지스터**도 있네요.

 네. 여기에서 주목할 건 트랜지스터입니다!
트랜지스터는 E(이미터), B(베이스), C(콜렉터)라는 3개의 단자를 가지고 있고, 이 3개의 단자를 사용해 **증폭** 역할을 합니다.

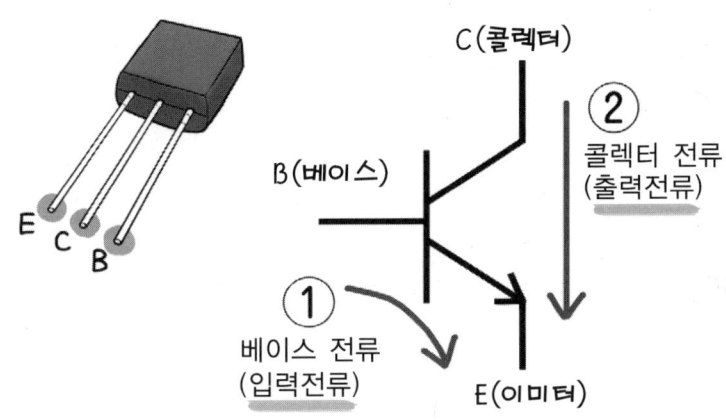

트랜지스터의 동작 모습

 그럼, 어떻게 증폭이 이루어지는가 하면…
회로에 전압을 주면, 베이스·이미터 사이에 전류가 흐릅니다.
이것을 『① **베이스 전류**』라고 합니다.
이 베이스 전류를 계기로 콜렉터·이미터 사이에도 전류가 흐릅니다.
이것을 『② **콜렉터 전류**』라고 합니다.

 흠. 베이스 전류 덕분에 콜렉터 전류가 흐르는구나.

그리고 여기서부터가 중요합니다. 이 콜렉터 전류는 무려 베이스 전류의 **몇 십 배에서 몇 백배 전류**가 됩니다!

네에에에!? 엄청 증가하잖아요!?

네. 이렇게 트랜지스터는 **증폭**의 역할을 합니다.
베이스 전류를 **입력전류**, 콜렉터 전류를 **출력전류**라고 하며, 그들의 비를 『**전류증폭률**』이라 합니다.
전류가 얼마큼 증가했는지를 나타내고 있습니다.

$$\text{전류증폭률} \quad A_i = \frac{i_{out}(\text{출력전류})}{i_{in}(\text{입력전류})}$$

CHECK! A_i가 1 이상이면
출력전류＞입력전류이므로 '증폭'하고 있습니다.

흠. 전류를 증폭시키다니 트랜지스터 대단하네요.

네. 대활약하는 트랜지스터이지만 조금 곤란한 경우도 있어요.
실은 트랜지스터가 있으면 회로를 해석하는 게 귀찮아집니다.

임피던스, **주파수 특성**※, **전류증폭률** 등을 구할 때, 트랜지스터를 포함한 전자회로에서는 계산하기 힘듭니다.
※주파수 특성이란, 주파수와 임의의 물리량의 관계를 표시한 것입니다.
  주파수에 따라 변화하는 그래프 등이 있습니다(자세한 것은 p.219 참조).

음, 그럼 어떻게 해야 합니까??

우후후. 그걸 해결하는 방법이 『**등가회로**』입니다~

등가회로?

● 등가회로

간단하게 말하면 **등가회로**란 『전자회로의 트랜지스터 등을 RLC나 전원으로 치환하여, 전기회로와 같이 바꾼 회로』입니다.
실제로 **동조 증폭 회로의 등가회로**를 봅시다!

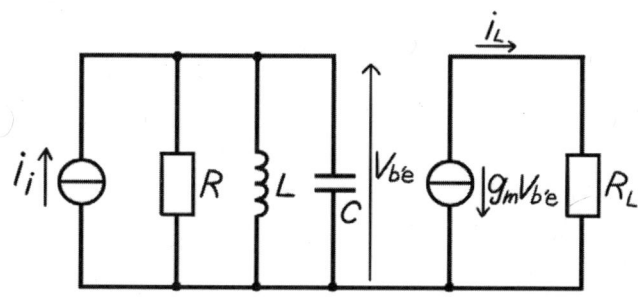

동조 증폭 회로에서의 고주파 등가회로의 간략화

※ **고주파**란 일반적인 전파와 같이 주파수가 높고, 인간에게는 들리지 않습니다. 그에 비해 **저주파**는 인간에게 들립니다.

아, 이제 좀 깔끔해졌어요! 트랜지스터도 없어지고.
그런데 역시 익숙하지 않은 전기기호가 있어요. 모르는 문자도 있고…

조금 어려워 보이죠. 간단하게 설명하면 이렇습니다.

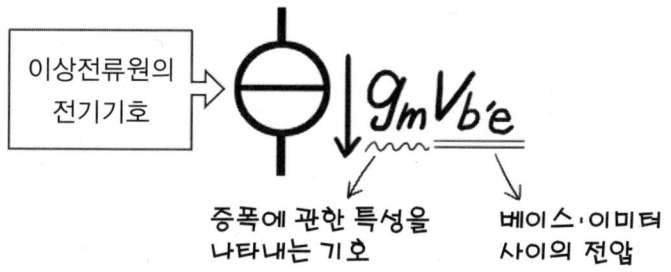

이상전류원은 전류가 얼마든지 발생하는 이상적인 장치입니다.
회로를 이해하기 편하도록 하기 위한 이론 상의 것이라고 생각하십시오.

어쨌든! 이 회로도에서 중요한 건 회로의 좌측이 **입력측**, 우측이 **출력측**을 나타내고 있다는 것입니다.
이해하기 쉽게 만들면 다음과 같습니다.

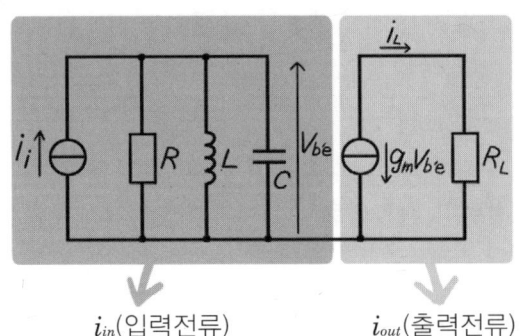

i_{in}(입력전류) i_{out}(출력전류)

 오오~ 확실하게 나뉘었네요. 그럼 즉, 각각의 전류를 구해 **비율**로 만들면 **전류증폭률**을 알 수 있겠군요.

 네. 바로 그렇습니다.
결론을 말하면, 이 회로의 **전류증폭률**은 다음과 같은 식이 됩니다. 지금은 '그런 거구나~' 라고만 알아두세요.

$$A_i = \frac{-g_m R_L}{1 + jR\left(\omega C - \dfrac{1}{\omega L}\right)} \quad \begin{matrix} \leftarrow \text{출력전류} \\ \\ \leftarrow \text{입력전류} \end{matrix}$$

 오호~ 어, 어쨌든 봐두기만 할게요.

 그럼, 이같이 등가회로를 사용하는 것으로, 동조 증폭 회로에서의 전류증폭률을 알아 두었습니다. 여기서 또 한 가지! 꼭 알아두어야 할 점이 있습니다.

 윽. 아직 더 남았나요!?

 진구씨, 조금 전에 설명한 **공진주파수** 기억하고 계신가요?(209쪽 참조)

 음, 분명히 코일과 콘덴서의 공동작업으로···
공진주파수일 때 임피던스(교류의 저항)는 최소·전류는 최대가 되었지요.

 맞습니다! 실은 그 **공진주파수**와 이번에 설명한 **전류증폭률**에는 아주 친밀한 관계가 있습니다.

아래의 그래프를 봐주세요. 이 그래프의 가로축은 주파수, 세로축은 전류증폭률의 크기를 나타내고 있습니다.

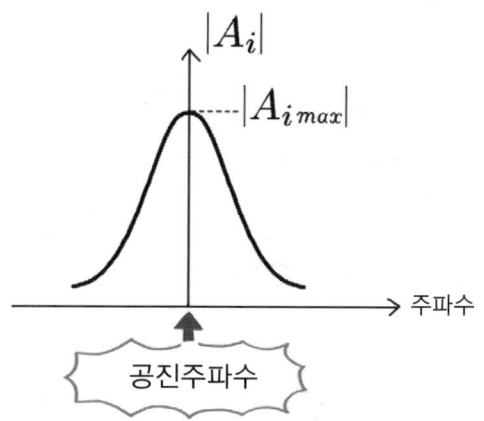

동조 증폭 회로에서의 전류증폭률의 주파수 특성
※ 이같이 주파수와 무언가의 관계를 나타내는 것을 주파수 특성이라 합니다.

 이 그래프…**공진주파수**일 때, **전류증폭률이 최대**로 되어 있어요!
헤에~! 여기서도 공진주파수가 중요하군요.

 네, 맞아요~! 이 특성을 확실하게 외워 두세요.
여기에서 조금 정리해둡시다.
진구씨가 다이얼을 돌려, 듣고 싶은 방송에 주파수를 맞추었을 때, 라디오 속에서는 무슨 일이 일어나나요?

 음, 그 주파수가 공진주파수가 되도록, 가변 콘덴서가 움직이고 있습니다. 공진주파수일 때, 임피던스(교류의 저항)가 최소이고, 전류는 최대입니다. 그것과 동시에 전류증폭률도 최대가 됩니다.

 확실히 알고 계시는군요.
그럼, 그걸 토대로 문제를 풀어봅시다~!

 **문제** 가변 콘덴서의 범위를 구하시오!

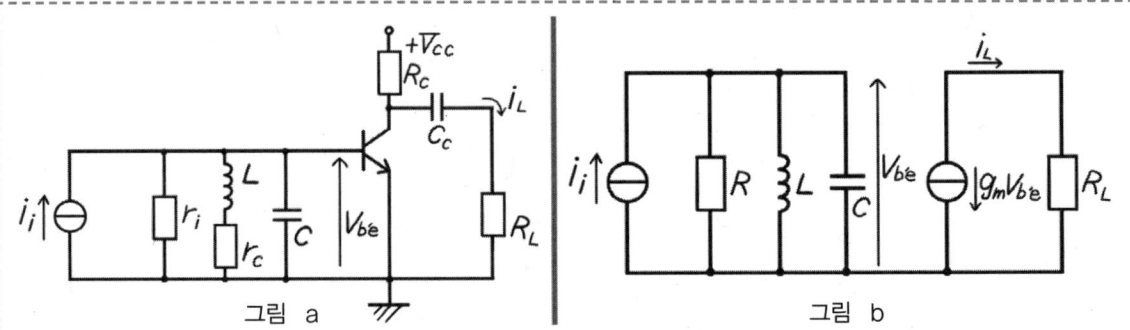

그림 a에 나타난 동조증폭기에서 AM 라디오 방송을 수신할 수 있도록 가변 콘덴서 C가 잡을 수 있는 범위를 설정하라. 또, 그림 a의 등가회로는 그림 b로 나타낸 것이고, $L=1[\text{mH}]$, $540[\text{kHz}]<f<1600[\text{kHz}]$이라 한다.
(※ 그림 a, 그림 b는 P.215, P.217의 회로도와 같은 것입니다.)

 **풀이**

그럼, 라디오 방송을 수신할 수 있는 상황이라는 건 동조증폭기의 전류증폭률이 최대라는 거군요.

네! 이 동조증폭기의 전류증폭률은 방금 나왔었죠.

$$A_i = \frac{-g_m R_L}{1+jR\left(wC - \dfrac{1}{wL}\right)}$$

이게 어떤 때에 최대가 되는지를 생각해봅시다.
각주파수 $w=2\pi f$, $f=2\pi/w$도 떠올려 보세요.

흠. 문제에 있는 f와 전류증폭률의 식에 있는 w가 연결될 것 같군요.

이 동조증폭기의
전류증폭률은
$$A_i = \frac{-g_m R_L}{1+jR\left(wC - \dfrac{1}{wL}\right)}$$

이 식의 크기를 최대로 하는 $f=\omega/2\pi$를 구하면, 수신되는 주파수를 구할 수 있다. 즉, A_i를 최대로 만드는 주파수 f(각주파수 ω)는

$$\omega C - \frac{1}{\omega L} = 0 \text{으로 구할 수 있다.}$$

point! A_i의 분모가 최소이면, A_i의 크기는 최대가 됩니다.

이 식을 만족하는 ω는
$$\omega = \pm \frac{1}{\sqrt{LC}}$$

이지만 $\omega > 0$으로 (식)
마이너스 주파수는 없으므로
$$\omega = \frac{1}{\sqrt{LC}}$$

이 된다. 이 각주파수 ω로 만들기 위한 C의 수치는

$$\omega^2 = \frac{1}{LC} \quad \text{(양변을 제곱)}$$

$$\omega^2 LC = 1$$

따라서 $\quad C = \dfrac{1}{\underbrace{\omega^2 L}_{\omega=2\pi f \text{를 대입}}} = \dfrac{1}{4\pi^2 f^2 L}$

point! 다음은 C의 식에 f와 L의 수치를 대입해봅시다.

문제에서 $L=1[\text{mH}]$, $540[\text{kHz}] < f < 1600[\text{kHz}]$
$f=540[\text{kHz}]$일 때, $C \approx 86[\text{pF}]$이고,
$f=1600[\text{kHz}]$일 때, $C \approx 10[\text{pF}]$이다.
이것으로 가변 콘덴서 C의 수치는 약 $10[\text{pF}] < C < 100[\text{pF}]$

(※ 이 답에 대해서는 다음 페이지에서 자세히 설명합니다.)

···으, 으으으으··· 이번 문제 마지막 부분을 잘 모르겠어요.
계산결과가 '86' 이었는데 왜 답은 '약 10~100' 이 된 건가요?
86이 약 100이라니! 너무 대충 잡은 거 같은···

아, 죄송해요. 거기에는 이유가 있어요! 실은 콘덴서의 용량치는 이런 식으로 결정됩니다.

E3계열 : 10, 22, 47, 100을 기수(基數)로 하는 **배수값**
E6계열 : 10, 15, 22, 33, 47, 68, 100을 기수로 하는 **배수값**

즉, 86에 가까운 숫자로 부등식을 만족하는 것은 100이 됩니다.

오오, 그저 대충 잡은 게 아니군요!

물론이죠. 그리고 가변 콘덴서는 이런 수치를 자유롭게 가변할 수 있도록 만들어져 있는 게 아닙니다.

으으···
마지막으로 가변 콘덴서의 지식도 필요한 건 어려운 문제···

또, 콘덴서의 단위는 F(패럿)이지만, 실제로는 pF(피코패럿), μF(마이크로 패럿) 등이 자주 사용되고 있습니다.

$$p\,(피코) \quad 10^{-12} = \frac{1}{10^{12}} \;(1조분의\ 1)$$

$$\mu\,(마이크로) \quad 10^{-6} = \frac{1}{10^{6}} \;(백만분의\ 1)$$

흠.
문제는 어려웠지만 대충 파악했어요.
이 **동조 증폭 회로** 덕분에 라디오를 들을 수 있군요!

음, 조금 말하기 그런데···
동조 증폭은 라디오를 들을 때까지의 한 단계에 불과합니다.
실제 라디오에서는 그 밖에도 많은 과정이 있습니다.

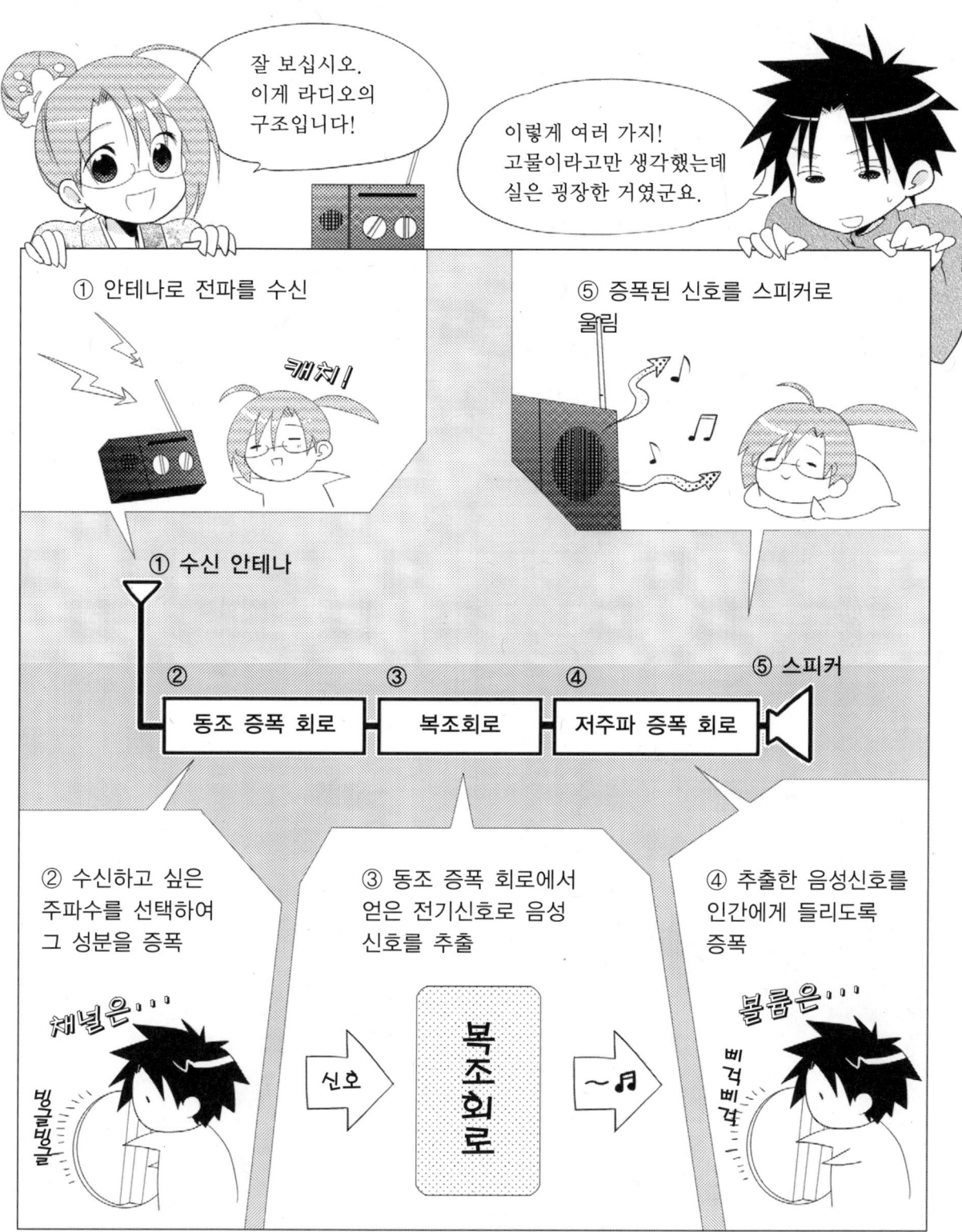

3. 역률에 관한 전기수학 문제

● 역률을 개선하는 2가지 방법

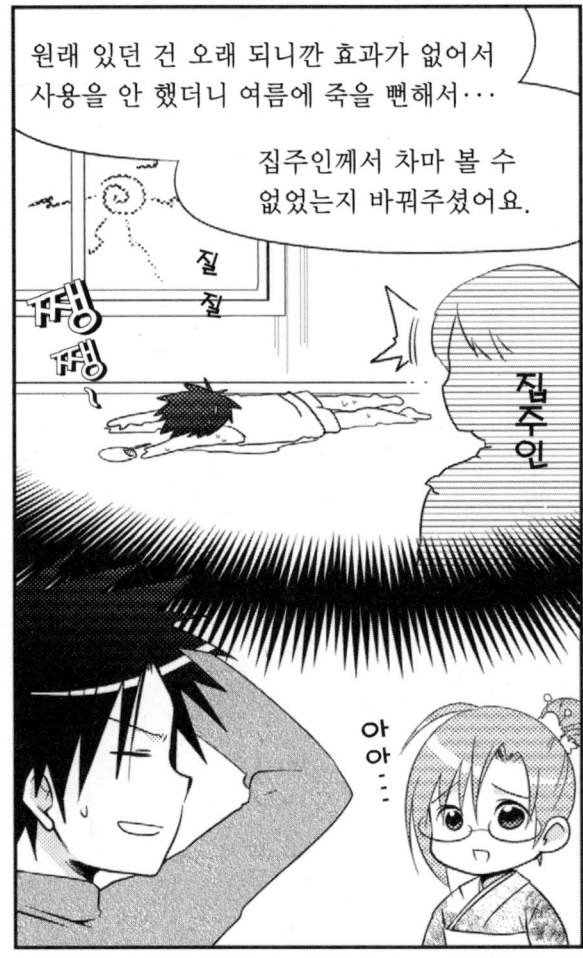

전자제품 가게에 가면 가전제품 등은 점점 에너지 절약화되고 있는 것을 볼 수 있습니다.

확실히 에너지 소비효율이라든가 여러 가지 쓰여 있어요.

가전 이외에 예를 들면, 지하철도 예전에 비하면 소비전력이 줄어들었습니다.
이것도 여러분이 노력한 덕분에 생긴 건데… 대체 '에너지 절약'이란 무엇일까요? 왜 그게 상품을 사는 데 큰 영향을 끼치는 걸까요?

음… 그러고 보니 왜일까요?

에너지 절약이란 소비에너지가 적은 전기로 말하면 **소비전력이 적다**는 것입니다.

에너지 절약
=
소비전력이 적다
=
역률개선!

그리고 소비전력이 적다는 건 『역률개선』이 되었다는 것입니다.

역률개선에는 주로
(1) 무효전력 제어
(2) 인버터 제어
이 2가지 방법이 있습니다.

이들에 대해 설명하겠습니다!

(1) 무효전력 제어   (2) 인버터 제어

● (1) 무효전력 제어

우선 **(1) 무효전력 제어**에 대해서 설명하겠습니다.

이전에 이야기한 이 삼각형을 떠올려보세요.

이 삼각형의 **무효전력** 부분에 비밀이 있습니다!

피상전력

무효전력

유효전력

$$역률 = \frac{유효전력}{무효전력} = \cos\theta$$

오오… 삼각형의 높이에 해당하는 부분이군요.

실은 무효전력에는 2종류가 있습니다.

무효전력
- 유도 리액턴스로 소비되는 전력
- 용량 리액턴스로 소비되는 전력

『유도 리액턴스로 소비되는 전력』과 『용량 리액턴스로 소비되는 전력』입니다.

유도 리액턴스와 용량 리액턴스

이전에도 들은 것 같은…

잘 생각해 보세요.

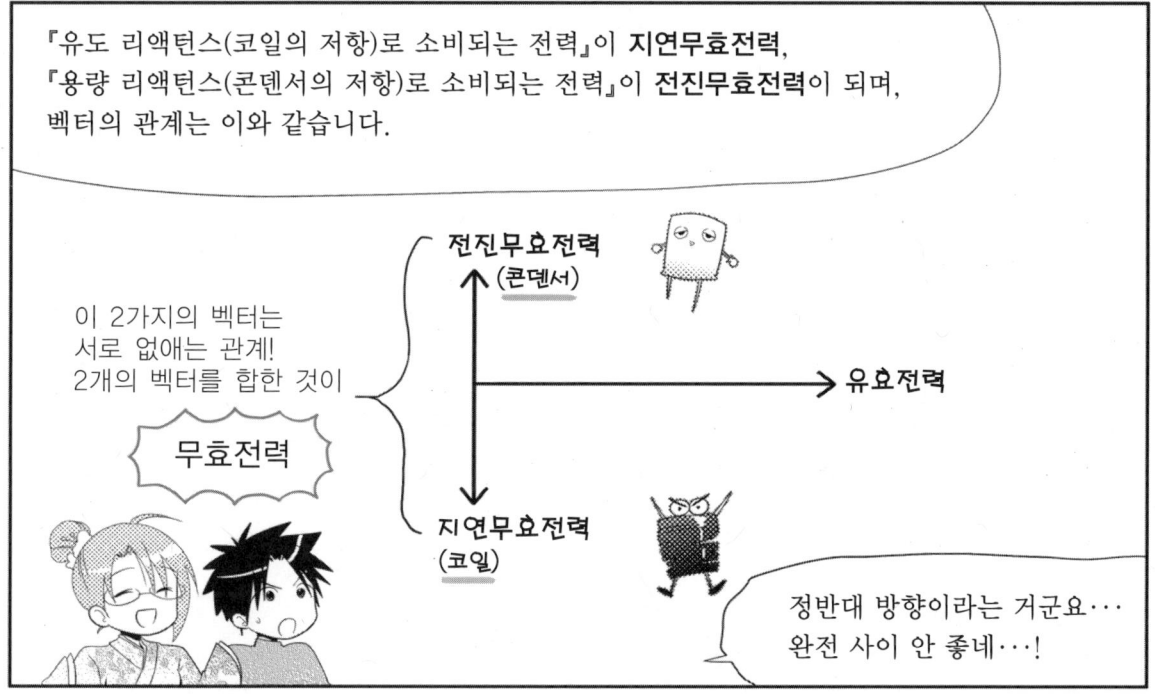

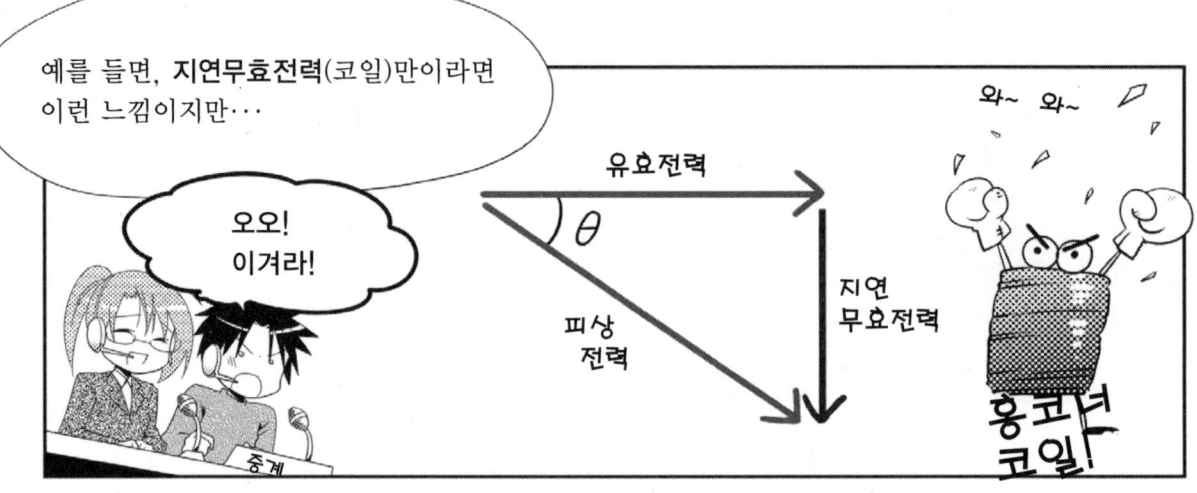

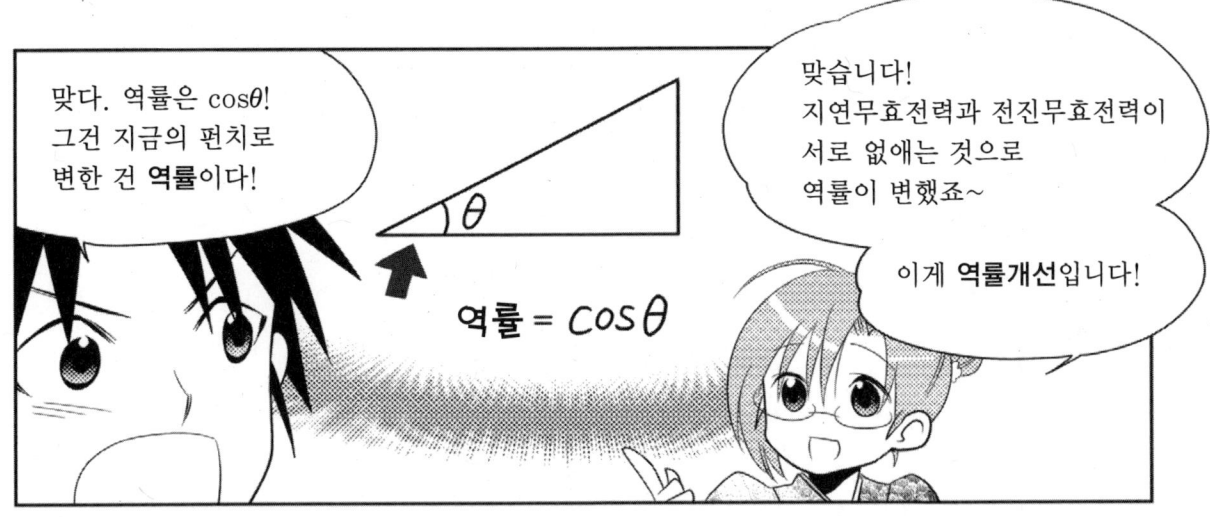

※ 진상콘덴서는 '그 동작에 따른 명칭'이며,
　가변콘덴서와 같이 '그런 명칭의 부품이 있다'는 것은 아닙니다.

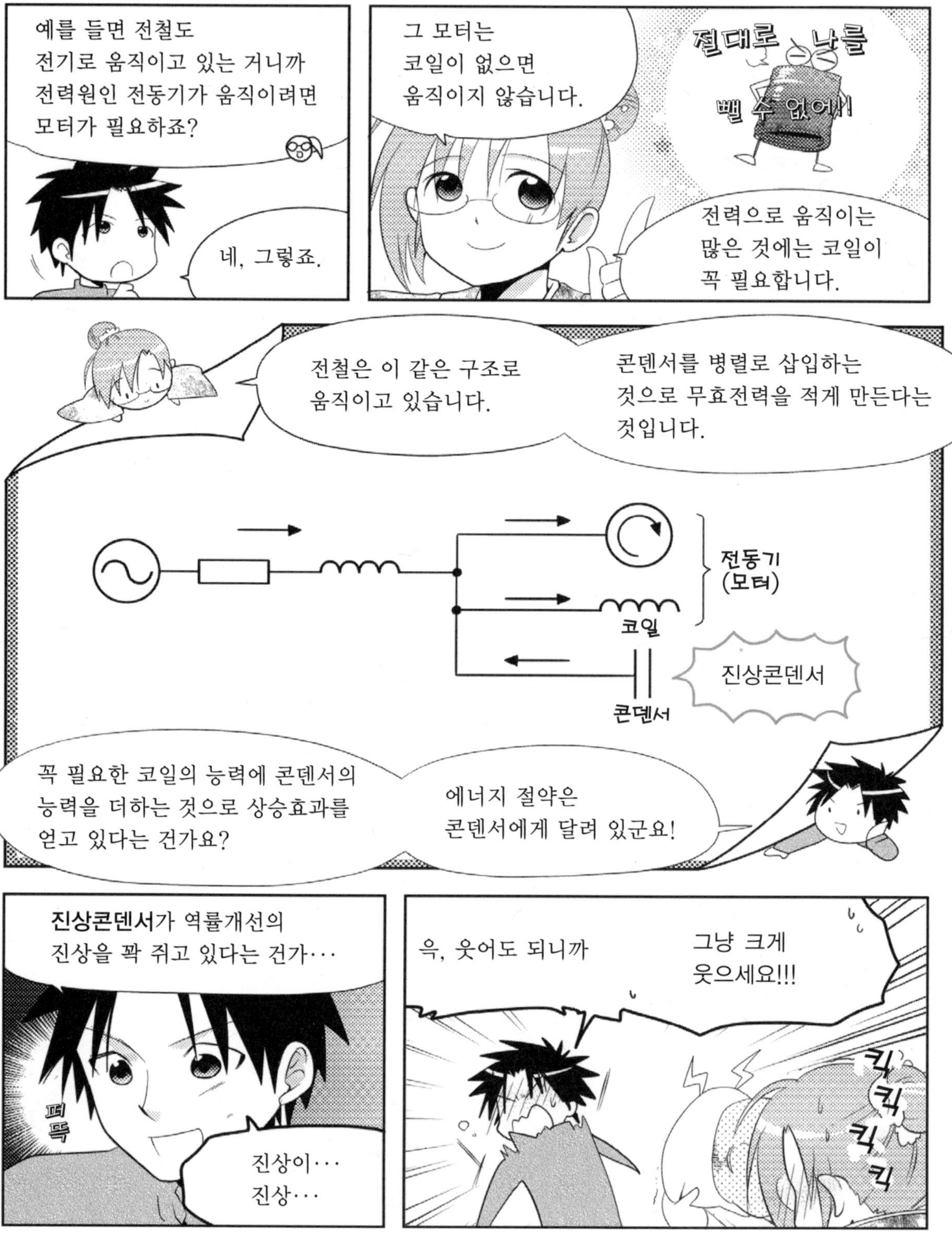

● (2) 인버터 제어

그럼, 역률개선의 또 한 가지 방법인 **인버터 제어**에 대해 설명하겠습니다.

인버터…? 그게 뭔가요?

인버터는 『직류를 교류로 변환하는 장치나 회로』입니다.
에어컨이나 전철 속에 있습니다~

음… 직류를 교류로 변환? 왜 그런 걸 하나요?? 애당초 에어컨이나 가전은 콘센트에서의 교류로 움직이는 게 아닌가요?
※ 전철은 직류를 이용하고 있는 것과 교류를 사용하고 있는 것이 있습니다.

후후후. 실은 **인버터**의 목적은 『**주파수를 자유롭게 바꾼다**』는 것입니다.
이 그림을 봐주세요.

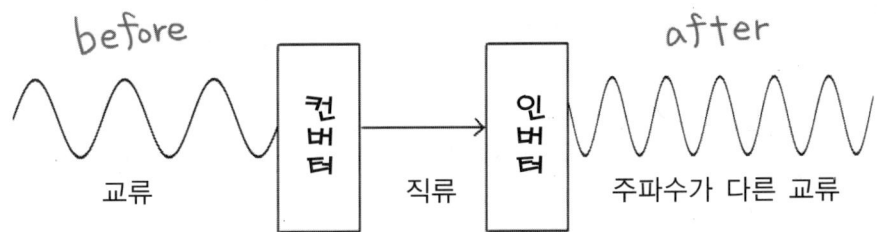

컨버터와 인버터로 주파수를 바꾸고 있는 모습

인버터는 컨버터(정류기)와 세트로 되어 있습니다.
콘센트의 교류를 우선 컨버터로 직류로 변환하고, 그 후 인버터를 사용해서 이번에는 **다른 주파수의 교류**로 변환하는 것입니다.

오오~! 주파수는 바꿀 수 있는 건가요?

네. 이 인버터와 제어장치를 함께 사용해서 여러 가지 일을 할 수 있습니다.
주파수를 자유롭게 바꿀 수 있다는 건, 모터의 회전수를 자유롭게 바꿀 수 있다는 것이므로 매우 편리합니다.

예를 들면, 일부 전철에서는 인버터로 주파수를 바꾸는 것으로, **속도조정**을 하고 있습니다.

에어컨은 인버터로 **온도 조정**을 할 수 있게 되었습니다. 인버터가 없을 때는 모터가 ON(풀 가동)이나 OFF(정지) 밖에 없었습니다. 즉, '온도를 일정하게 유지한다'는 것이 어려웠던 것입니다.

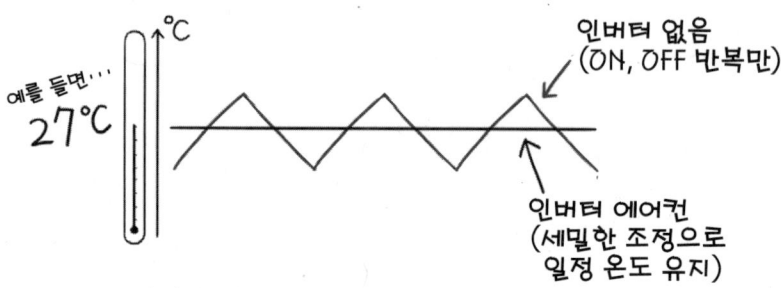

인버터 제어에 의한 온도 조정 이미지

온도가 일정하면 소비전력도 고르게 됩니다. 이 같이 인버터 제어는 편리하고 에너지 절약도 됩니다.

 이해했습니다. ON, OFF만 반복하면 전기요금이 정말 비싸지겠군요!

 또, 여기에서 꼭 알아두어야 할 것이 있습니다.
실은, 주파수와 역률에는 깊은 관계가 있습니다. 떠올려보세요.
용량 리액턴스(콘덴서)는 주파수에 **"반비례"**
유도 리액턴스(코일)는 주파수에 **"비례"**하고 있었죠?(120쪽 참조)

즉, 『어느 일정 이상의 주파수가 되면, 용량 리액턴스가 불리해지고, 유도 리액턴스가 유리해지기 때문에 그 결과, 역률이 나빠진다』는 것입니다.

윽. 역률이 나빠지면 주파수를 바꿀 수 없잖아요.
대체 어찌 하면 좋단 말인가… 음…

안심하세요. 예를 들면, 전철의 경우, 주파수 변화에 따라 속도를 바꿀 때, 콘덴서도 함께 조정하고 있습니다. 주파수와 합쳐 용량 리액턴스(콘덴서)를 조정하는 것으로 **역률개선**을 하고 있습니다.

오호! 역시 콘덴서. 빈틈이 없군!

또, 에어컨에 투자한 노력도 돋보입니다.
지금은 에어컨이 온도를 조정할 수 있게 되어서, 가장 운전시간이 긴 부분이 명확해졌습니다.
'적당한 온도가 된 후, 온도를 일정하게 유지하는 상태'가 가장 운전시간이 깁니다. 그래서 그 **역률개선**을 하는 것으로 전기요금이 저렴해졌습니다.
※ 에어컨의 전기요금이 저렴해진 이유는 그 밖에도 있습니다. 자세한 내용은 241쪽 참조.

흠. 즉, 인버터 제어로 모터를 자유롭게 움직이면서 동시에 역률개선도 확실히 하고 있는 거군요.

맞습니다~! 역률개선에 대해 정리해봅시다.

> R, L, C와 주파수 f를 합쳐서 **역률**을 계산한다. 역률개선방법은 두 가지.
> (1) C로 제어한다 … **무효전력 제어**
> (2) f로 제어한다 … **인버터 제어**

주파수 f를 바꾸는 인버터는 매우 편리하고, 콘덴서 C도 대활약하고 있다는 거군요.
에어컨의 경우, 적당한 온도로 쾌적해지고, 에너지 절약으로 지갑도 가벼워지는 거군요.

바로 그겁니다. 그리고 다음으로 역률에 대한 문제도 준비해두었습니다~!

…그건 좀 어려울 것 같네요.

 주파수의 범위를 구하시오!

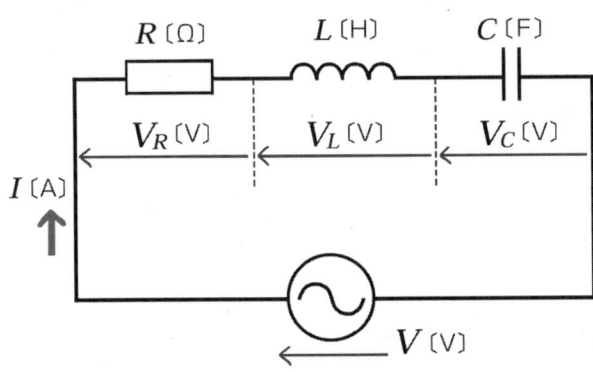

RLC 직렬회로에서 역률이 86.6% 이상이 되는 전원의 주파수 f의 범위를 나타내라. 또, 역률을 86.6%로 하는 역률각을 30°라 간주해도 된다.

음, 방금 전의 설명으로 역률과 주파수에 관계가 있다는 건 알았는데, 이 문제는 어떻게 생각해야 되지?

잘 생각해 보세요. 역률은 $\cos\theta$로 나타내죠?
그 $\cos\theta$를 생각하기 위해 **복소평면상의 임피던스 삼각형**을 상상해보면 됩니다.

임피던스 삼각형? 처음 들어보는데요. 임피던스를 나타내는 삼각형이라는 건가요?

네, 맞아요. **RLC 직렬회로**가 있다고 칩시다.
회로의 저항을 R, 리액턴스를 X, 임피던스를 Z라 하고, 이들 관계는 다음과 같은 직각**삼각형**으로 나타낼 수 있습니다.

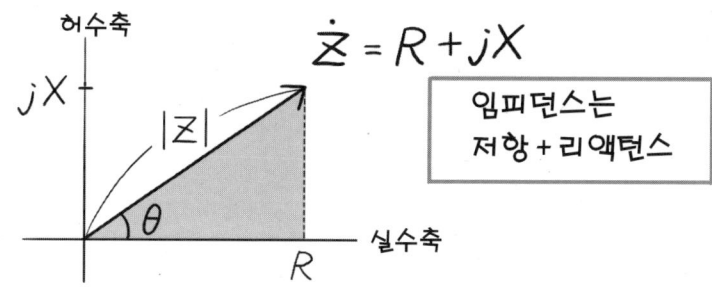

이때, 역률 $\cos\theta = \dfrac{R}{|Z|}$ 가 됩니다~

그렇군요! *RLC* 직렬회로의 임피던스나 리액턴스라면 이제까지 푼 문제로 알고 있어요. 이거라면 풀 수 있을 것 같아요.

RLC 직렬회로의 임피던스는

$$Z = R + j\left(\omega L - \dfrac{1}{\omega C}\right)$$

따라서 역률 $\cos\theta$는

$$\cos\theta = \underset{\cos 30°}{\boxed{\dfrac{\sqrt{3}}{2}}} \leq \dfrac{R}{\sqrt{R^2 + \left(\omega L - \dfrac{1}{\omega C}\right)^2}}$$

이 같은 식이라면 복잡하기 때문에 $\tan\theta$로 치환해서 생각한다.

point! 삼각형의 이미지를 알고 있다면 $\cos\theta$ 대신에 $\tan\theta$를 사용할 수 있습니다.

$$\tan\theta = \dfrac{\omega L - \dfrac{1}{\omega C}}{R} \leq \underset{\tan 30°}{\boxed{\dfrac{1}{\sqrt{3}}}}$$

tanθ로 생각하는 경우, 부등호의 방향이 바뀌는 것에 주의!

다음 페이지에서는 이 식을 더 정리하여 변형시킵니다.

이 식을 정리합니다.
$$\tan\theta = \frac{\omega L - \dfrac{1}{\omega C}}{R} \leq \frac{1}{\sqrt{3}}$$

$$\omega L - \frac{1}{\omega C} \leq \frac{R}{\sqrt{3}} \quad \text{(전체에 } R\text{을 곱했습니다)}$$

$$\omega^2 LC - 1 \leq \frac{\omega CR}{\sqrt{3}} \quad \text{(전체에 } \omega C\text{를 곱했습니다)}$$

변형하면, $\sqrt{3}\omega^2 LC - \omega CR - \sqrt{3} \leq 0 \qquad \cdots \text{①}$

따라서 ①이 성립하는 $\omega = 2\pi f$를 구하면 된다.

여기에서 $\sqrt{3}\omega^2 LC - \omega CR - \sqrt{3} = 0$의 해를 α, β $(\alpha < \beta)$라 하면,

①의 해는 $\alpha < \omega < \beta$가 된다.

point! 근의 공식(200쪽 참조)을 사용합시다.

$$\alpha = \frac{CR - \sqrt{C^2 R^2 + 12LC}}{2\sqrt{3}LC} < 0, \qquad \beta = \frac{CR + \sqrt{C^2 R^2 + 12LC}}{2\sqrt{3}LC}$$

($CR < \sqrt{C^2R^2 + 12LC}$이므로 $\alpha < 0$이 된다)

마이너스 수치를 가진 주파수는 물리적으로 생각할 수 없는 점으로,

$$0 \leq \omega < \frac{CR + \sqrt{C^2 R^2 + 12LC}}{2\sqrt{3}LC}$$

분모의 유리화를 하면, $0 \leq \omega < \dfrac{\sqrt{3}CR + \sqrt{3(C^2 R^2 + 12LC)}}{6LC}$

point! 분모의 √를 없애는 것을 분모의 유리화라 합니다.

$\omega = 0$일 때는 직류를 의미합니다.
직류는 위상이 없기 때문에 물론 역률은 100%입니다!
범위를 구하는 경우에는 $\omega = 0$(직류)도 잊지 마세요.
또, 임피던스 삼각형도 꼭 기억해두세요~!

● 히트펌프

히트펌프란 무엇인가?

◆ 히트펌프의 2가지 특징. 냉각과 가열 ◆

'히트펌프'란 공기 중에 있는 열을 모아 에너지로 변환하는 기술입니다. 어디에나 존재하는 공기에서 에너지를 얻을 수 있다는 건 굉장한 일입니다.

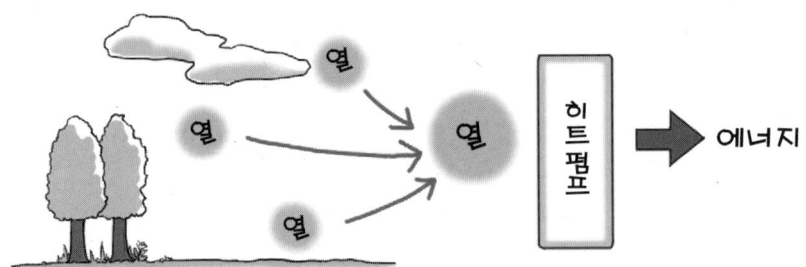

최근 에너지 절약 기술로 주목받고 있는 히트펌프이지만…
실은 꽤 옛날 100년 이상 전부터 있던 기술로 냉장고나 에어컨 등의 **냉각**에 자주 이용되고 있었습니다.

그럼 왜 이 히트펌프가 최근 주목받게 된 것일까요?

실은 히트펌프는 '**냉각**'뿐만 아니라
'**가열**'에도 응용할 수 있다는 걸 알았기
때문입니다.

현재에는 히트펌프는 **난방**이나
급탕에도 이용하고 있습니다.

◆ 어떻게 공기에서 에너지를 얻을 수 있을까? ◆

물질은 압축시키거나 팽창시키거나 하면 온도가 변화하는 성질이 있습니다.
기체(공기)도 압축하면 고온이 되고, 팽창시키면 온도가 내려갑니다.
또, 열은 온도가 높은 곳에서 낮은 곳으로 이동하는 성질이 있습니다.
히트펌프는 이들의 성질을 잘 이용한 것입니다.

히트펌프 중에는 『냉매』라는 물질이 포함되어 있습니다. 냉매란 온도가 이동하는 데 빼놓을 수 없는 매개 역할을 하는 물질입니다. 가스(기체)였다가 압축하면 액체로 변화하기도 합니다.

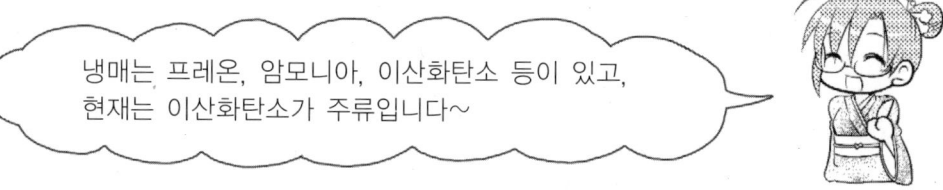

냉매는 프레온, 암모니아, 이산화탄소 등이 있고, 현재는 이산화탄소가 주류입니다~

이 냉매를 압축시키거나 팽창시키는 것으로 온도가 변화합니다. 그 온도변화를 이용하면 냉각이나 가열을 할 수 있는 것입니다.

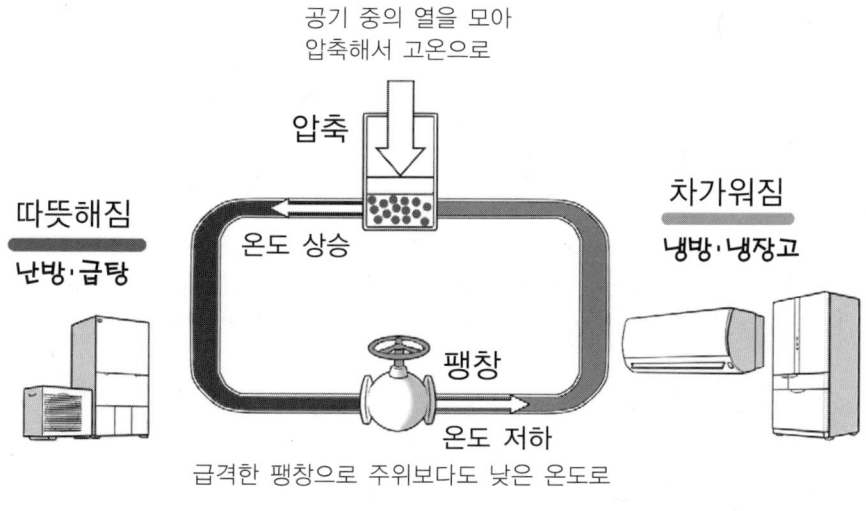

히트펌프의 구조 그림

과학기술정책 http://www8.cao.go.jp/cstp/5minutes/013/index2.html에서 인용·일부수정

◆ 왜 에어컨은 냉방, 난방이 다 될까? ◆

에어컨은 **냉매의 흐름을 바꾸는**
(**열의 이동 방향을 바꾸는**) 것으로
냉방과 난방을 전부 하고 있습니다.

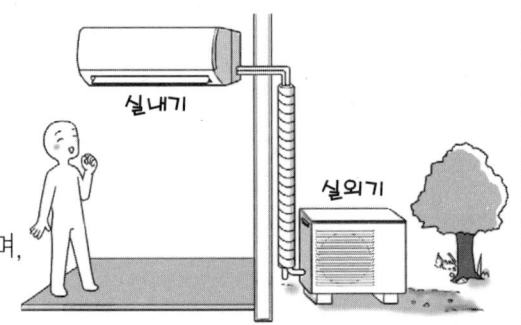

에어컨은 실내기와 실외기가 세트로 되어 있으며,
냉매는 이 사이를 빙글빙글 순환하고 있습니다.

히트펌프는 냉매를 사용해 '열을 이동시키는 기술'이라 할 수 있습니다.

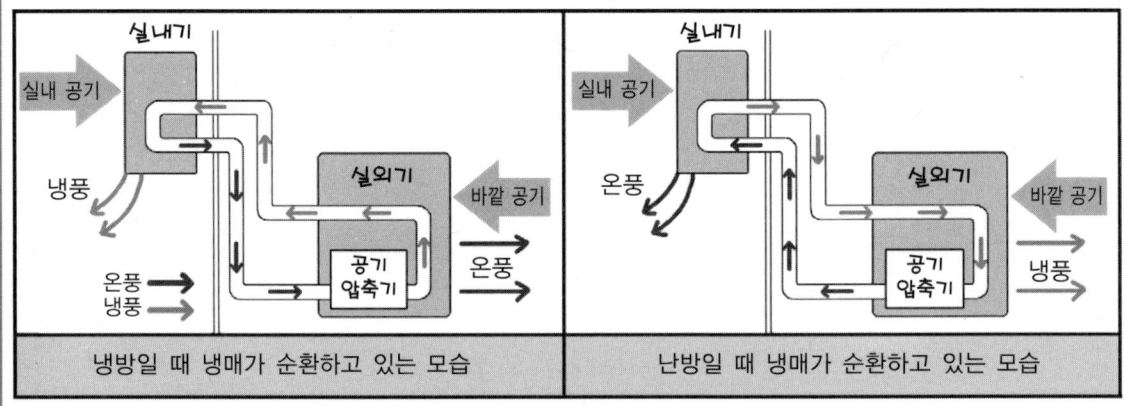

エネルギアなん電だろう 調査隊 http://www.energia.co.jp/eland/chosatai/index.html에서 인용·일부 수정

◆ 왜 히트펌프는 에너지를 절약할 수 있을까? ◆

이 편리한 히트펌프를 움직이는 데도 전기가 필요합니다.
전기가 필요하다면 '에너지가 절약되는 게 전혀 아니야'라고 생각할지도 모르지만 보통 방법으로 열을 발생시키는 경우에 비해 **필요한 전력량이 크게 변화**합니다.

통상, 열을 발생시키는 경우, 이용에너지 양만큼 사용전력이 필요해집니다.
하지만 히트펌프를 사용하여 열을 발생시키는 경우, 전력은 히트펌프를 움직일 뿐입니다.
그 다음엔 공기 중의 열을 모아 이동시키는 것으로 이용에너지를 만듭니다.
즉, 발열의 원리가 크게 다릅니다. 이 원리의 차이가 에너지 절약이 되는 것입니다.

◆ 에어컨의 전기요금이 예전보다 저렴해진 이유 ◆

그러한 이유로 히트펌프는 에너지 효율이 매우 좋습니다.
히트펌프의 에너지 소비효율을 나타내는 데는 'COP'라는 것이 있습니다.

$$COP = \frac{냉난방 \ 등의 \ 능력[kW]}{소비전력[kW]}$$

예를 들면, COP4이면 1kW의 전력으로 4kW의 냉난방을 할 수 있습니다. 향후의 히트펌프를 기대하면서 우리들도 전기를 소중하게 사용합시다.

Q. 10년 전의 에어컨보다 지금 에어컨이 같은 온도라도 전기요금이 왜 저렴할까?

『인버터 제어』
『진상콘덴서에 의한 무효전력 제어』
『히트펌프』 덕분에 에너지 절약화(소비전력의 경감)가 진행되고 있다.

제5장···방정식·부등식으로 풀 수 있는 전기회로 〈2〉 교류회로

제5장···방정식·부등식으로 풀 수 있는 전기회로 〈2〉 교류회로

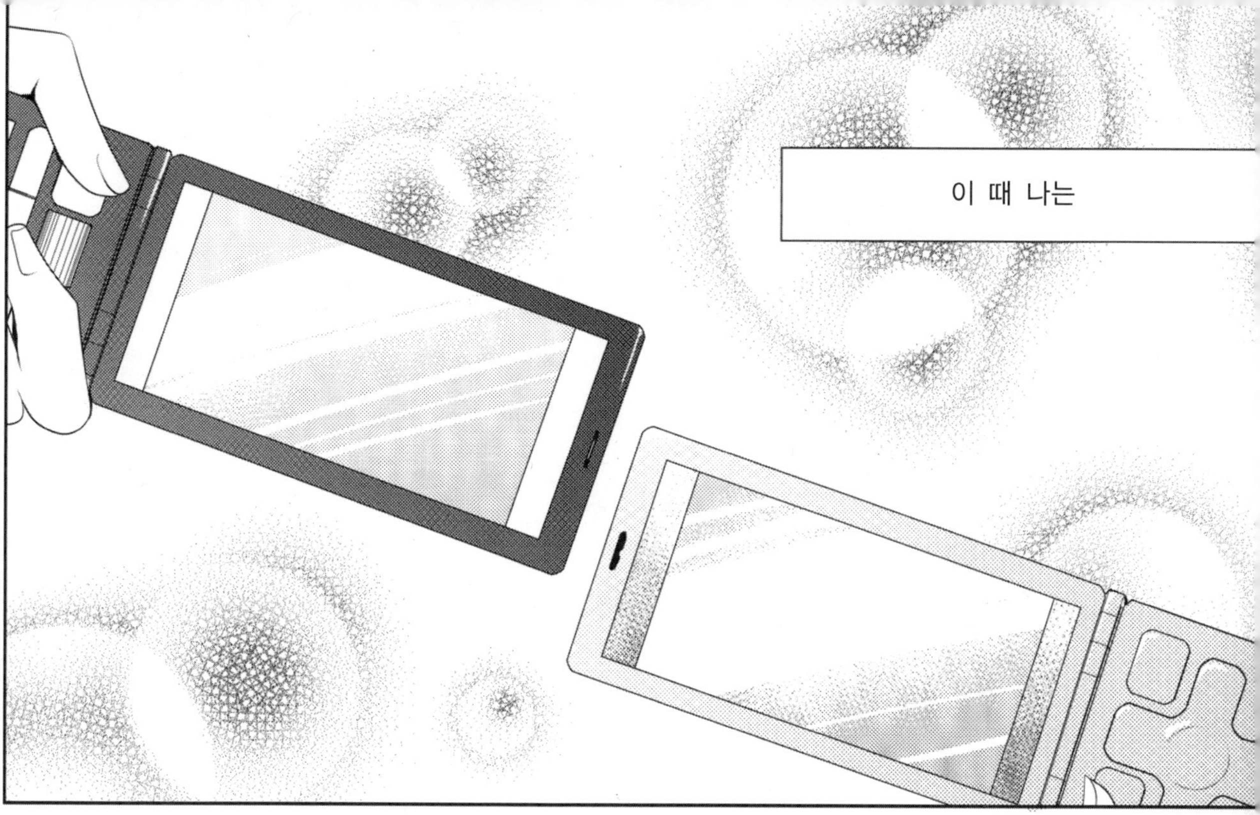

이 때 나는

정말 한빛씨와의 만남은
내 인생에서의 한 줄기 빛과 같다고 생각했다.

관련 서적·참고문헌

⚡ 관련 서적

여기에서는 비교적 이해하기 쉬운 '전기수학'이라는 키워드가 있는 책을 열거하고 있습니다. 본서를 읽은 후 저마다 공부하면 좋을 것입니다.

- 大谷嘉能・幅敏明 著
  『完全マスター電験三種受験テキスト 電気数学』オーム社（2009）

- 家村道雄 著
  『電験三種 計算問題の徹底研究』オーム社（2005）

- 真栄里仁雄 著
  『基礎から理解！電験三種合格のための数学入門』オーム社（2006）

- 武原春輝 著
  『電験三種 数学超入門』オーム社（2009）

⚡ 참고문헌

- 田中賢一 著
  『マンガでわかる電子回路』オーム社（2009）

- 飯田芳一 著
  『マンガでわかる電気回路』オーム社（2010）

- 大熊康弘 著
  『図解でわかる はじめての電気回路』技術評論社（2000）

- Newton 別冊
  『虚数がよくわかる──"ありもしない"のに、難問解決に不可欠な数』
  ニュートンプレス（2009）

- 社団法人 日本電気技術者協会 音声付き電気技術解説講座
  http://www.jeea.or.jp/course/

- 今の技術がよくわかるテクノマガジン テクマグ
  http://www.tdk.co.jp/techmag/index.htm

- 電気屋ののちん日記講座
  http://plaza.rakuten.co.jp/nonochin1974/

찾아보기

숫자·영문

1주기 — 34, 115
1차 부등식 — 100
2배각의 공식 — 141
2원 연립방정식 — 77, 80, 81, 85
2차 방정식 — 198
2차 부등식 — 198, 205
3배각의 공식 — 142
3상 교류 — 181, 182
3상 교류의 회로도 — 185
3원 연립방정식 — 77, 85, 91
COP — 241
cos의 그래프 — 31
exp함수 — 158
f — 34, 115
F(패럿) — 222
Im — 47
j — 47, 179
$R_1R_4=R_2R_3$ — 93
rad(라디안) — 110, 113
Re — 47
RLC 직렬회로 — 126, 212, 234, 235
sin의 그래프 — 29, 31, 32
$sin\theta$, $cos\theta$, $tan\theta$ — 11
y축에 투영한다 — 30
Δ(델타) — 80, 83, 87
ε(엡실론) — 158
π(원주율) — 111, 112, 159
ω(오메가) — 114

ㄱ

가변 콘덴서 — 211, 220
가우스의 평면 — 155

각속도 — 37, 114, 115
각주파수 — 114, 115
감전 — 191
고압전선 — 188
공역복소수 — 169
공진주파수 — 210, 211, 212, 218, 219
교류 — 11, 25, 39, 106, 110, 126, 172
교류에서의 3개의 소자 — 124
교류의 파형 — 32
교류전압의 식 — 160
교류전원 — 21
극좌표 표시 — 164
극형식 — 163, 164
근의 공식 — 200
기전력 — 118
기지수 — 79

ㄴ

냉매 — 239, 240
네이피어 수 — 157
노름 — 170

ㄷ

다이오드 — 214
단상교류 — 181, 182
단위원 — 30
덧셈의 공식 — 141
동상 — 123
동조 — 208, 209, 211
동조점 — 210
동조증폭회로 — 214, 217, 218, 222, 223
동조회로 — 209
등가회로 — 216, 217

찾아보기

ㄹ
라디안법 ---------------------------- 110, 112
리액턴스 ---------------------------- 119, 122

ㅁ
마이너스의 전력 ------------------------ 137
모터 -------------------------------- 130
무리수 ------------------------------- 157
무효전력 ------------------------ 136, 226
무효전력 제어 ------------ 225, 226, 229, 241
미분 ----------------------------- 177, 178, 179
미분적분 --------------------------- 80, 157
미적분방정식 ---------------------- 175, 176
미지수 --------------------------------- 79

ㅂ
바리콘 ------------------------------- 211
반각의 공식 --------------------------- 141
반도체소자 --------------------------- 214
반시계 방향 ---------------------- 109, 147
배수치 ------------------------------- 222
베이스 전류 --------------------------- 215
벡터 ------------------------ 39, 41, 50, 107
벡터의 합성 --------------------------- 128
벡터합 ------------------------------- 127
병렬연결 ------------------------------- 23
병렬의 합성저항 ------------------------ 70
복소벡터 ---------------- 49, 129, 160, 172
복소벡터의 표시방법 ------------------- 162
복소수 --------------- 39, 46, 48, 50, 54, 138,
                      145, 146, 151, 152, 168
복소수의 가감승제 --------------------- 171
복소수의 노름 ------------------------- 170

복소수의 편각 ------------------------- 170
복소평면 ------------------ 48, 147, 155, 234
복소표시의 식 ------------------------- 176
복조회로 ----------------------------- 223
부등식 -------------------------------- 96
부등호 --------------------------- 96, 205
부하 ---------------------------------- 19
부하저항 ------------------------------ 98
브리지 회로 --------------------------- 88

ㅅ
사루스의 법칙 --------------------- 87, 91, 92
삼각비 ------------------------------ 140
삼각함수 -------- 11, 27, 39, 41, 140, 157, 168
삼각함수 표시 ------------------------ 164
삼각함수의 그래프 --------------------- 27
삼각함수의 합성공식 ------------------ 141
상수항 -------------------------------- 81
소비전력 ----------------------------- 225
소자 --------------------------------- 116
속도조정 ----------------------------- 232
순시치 -------------------------------- 35
순시치의 공식 ------------------------- 36
스칼라 -------------------------------- 41
실수 ------------------------------ 46, 54
실수부 --------------------------- 161, 171
실수성분 ----------------------------- 161
실수축 -------------------------------- 48
실축 ---------------------------------- 48
실효치 -------------------------------- 35

ㅇ
에너지 절약 --------------------------- 225
엑스자 ---------------------------- 81, 85

찾아보기

역기전력 ------------------------------ 118
역률 ---------------------- 134, 135, 229, 233
역률각 ---------------------------- 135, 136
역률개선 ------------------------------ 136
역률개선 ---------------------- 225, 229, 233
연립방정식 ------------------ 39, 40, 76, 78
연립부등식 ---------------------------- 204
오실로스코프 -------------------------- 24
오일러의 공식 ----- 142, 154, 156, 158, 160, 186
오일러의 등식 -------------------- 156, 159
옴의 법칙 ---------------------- 22, 71, 176
와전류 -------------------------------- 189
용량 리액턴스 ---------------- 122, 209, 227
원운동 ---------------------------- 29, 42
위상 ---------- 43, 107, 109, 121, 151, 172, 179
위상각 ---------------------------- 109, 136
위상과 역률의 관계 --------------------- 137
위상을 나타내는 벡터 ------------------- 107
위상차 ---------------------------------- 43
유도 리액턴스 ---------------- 120, 209, 227
유효전력 -------------------------- 133, 134
이상전류원 ---------------------------- 217
인덕턴스 ------------------------- 119, 122
인버터 ---------------------------------- 231
인버터 제어 -------------- 225, 231, 232, 241
인수분해 -------------------------- 201, 202
임피던스 ------------ 125, 153, 209, 216, 219
임피던스 삼각형 ------------------- 234, 236
입력전류 ------------------------------ 216

ㅈ

자연대수의 밑 -------------------- 157, 159
저주파 증폭회로 ----------------------- 223
저항 --------- 19, 20, 21, 40, 61, 117, 119, 153

적분 ------------------------- 177, 178, 179
전기수학 ---------------- 9, 10, 12, 38, 198
전기에너지 ---------------------------- 121
전기용량 ------------------------------ 211
전기회로 -------------------------------- 20
전력 ------------------------- 18, 19, 132
전력 손실 ----------------------------- 189
전력량 ------------------------------ 240
전류 -------------------- 18, 19, 20, 40, 61
전류보존의 법칙 ------------------- 59, 62, 64
전류의 최대치 -------------------------- 35
전류의 크기 조정 ----------------------- 98
전류증폭률 ---------------------- 216, 218, 219
전압 ------------------------------- 18, 40
전압강하 ------------------------ 60, 61, 62
전압보존의 법칙 ------------------------ 62
전압의 최대치 -------------------------- 35
전압차 -------------------------------- 191
전원전압 ---------------------- 20, 62, 118
전위차 ---------------------------------- 18
전자회로 ----------------------------- 214
전진 무효전력 --------------------- 227, 228
전진 위상 ------------------------------ 121
절댓값 ----------------------------- 42, 170
절연전선 ------------------------------ 191
정격 ----------------------------------- 98
정류기 ------------------------------- 231
정상상태 ----------------------------- 176
정전용량 ------------------------------ 211
정지 벡터 ---------------------------- 108
정현파 --------------------------------- 32
정현파교류 -------------------------- 32, 43
정현파의 최대치 ---------------------- 109
주파수 ---------------- 18, 34, 115, 207, 209

256 만화로 쉽게 배우는 전기수학

찾아보기

주파수 특성 ---------------------------- 216
증폭 ------------------------------ 214, 216
지수 ---------------------------------- 157
지수함수 ---------------- 156, 157, 158, 186
지수함수 표시 ------------------------- 164
지연 무효전력 ---------------------- 227, 228
지연 위상 ----------------------------- 118
직교좌표 표시 ------------------------- 164
직교형식 -------------------------- 163, 164
직렬연결 --------------------------- 23, 210
직렬의 합성저항 ------------------------ 70
직류 ----------------------------- 11, 25, 39
직류전원 ------------------------------- 21
진상 콘덴서 ------------------- 229, 230, 241

ㅊ

차수 ----------------------------- 100, 157
최대치 ------------------------------ 35, 43
출력전류 ----------------------------- 216
충전한다 ----------------------------- 121

ㅋ

커패시턴스 -------------------------- 121, 122
컨버터 ------------------------------- 231
코일 ------------- 21, 116, 117, 123, 208, 209
코일의 리액턴스 ------------------------ 120
콘덴서 ------ 21, 116, 117, 123, 136, 208, 209
콘덴서의 리액턴스 ---------------------- 120
콜렉터 전류 --------------------------- 215
키르히호프 제1법칙 --------------------- 59
키르히호프 제2법칙 ----------- 62, 65, 67, 73

ㅌ

트랜지스터 --------------------------- 214

ㅍ

파형 ---------------------------------- 24
판별식 D ----------------------------- 200
평행이동 ----------------------------- 128
평형 ---------------------------------- 95
평형조건 ------------------------------ 90
폐루프 ----------------------------- 20, 68
퓨즈 -------------------------------- 98, 99
피상전력 -------------------------- 133, 134
피타고라스의 정리 --------------------- 140

ㅎ

함수 --------------------------------- 157
합성저항 --------------------------- 70, 71
합의 곱 -------------------------------- 71
합이 0인 법칙 ------------------------- 66
행렬 ---------------------------------- 76
행렬법 ------------------------------ 78, 84
행렬식 ------------------------------- 78, 79
허수 --------- 45, 46, 145, 146, 150, 151, 155
허수 단위 ----------------------------- 159
허수 성분 ----------------------------- 161
허수부 ---------------------------- 161, 171
허수축 --------------------------------- 48
허축 ----------------------------------- 48
호도법 ---------------------- 110, 150, 186
회로도 -------------------------------- 183
회로해석 ------------------------------- 75
회전벡터 ----------- 42, 43, 44, 50, 108, 168
휘트스톤 브리지 회로 ------------------ 88, 93
히트펌프 -------------------- 237, 238, 241

● 저자 약력

Kenichi Tanaka(田中 賢一)
1969년 미야자키현 노베오카시 출생
1990년 국립 미야코노주 공업고등전문학교 전기공학과(현재, 전기정보공학과) 졸업
1994년 규슈공업대학대학원 공학연구과 박사전기과정 전기공학 전공 수료
규슈공업대학 공학부 전기공학과 전기기초공학 조교를 거쳐,
2016년 나가사키 종합과학대학 종합정보학부 지능정보코스 교수

〈저서〉
『電子透かし技術』(東京電機大學出版局)
『マンガでわかる電子回路』(オーム社)
『畵像メディア工學』(共立出版)
『例解アナログ電子回路』(共立出版)

● **제작** Office sawa
　　2006년 설립되어 의료, 컴퓨터, 교육계 실용서와 광고를 다수 제작하였다. 일러스트와 만화를 이용한 매뉴얼, 참고서, 판촉물 등을 주로 만든다.
　　e-mail : office_sawa@sn.main.jp

● **그림** Mai Matsushita(松下 マイ)

만화로 쉽게 배우는 시리즈

만화로 쉽게 배우는 **유체역학**

다케이 마사히로 지음
김영탁 번역
200쪽 / 18,000원

만화로 쉽게 배우는 **재료역학**

스에마스 히로시, 나가시마 토시오 지음
김순채 감역 / 김소라 번역
240쪽 / 18,000원

만화로 쉽게 배우는 **토질역학**

카노 요스케 지음
권유동 감역 / 김영진 번역
284쪽 / 16,000원

만화로 쉽게 배우는 **콘크리트**

이시다 테츠야 지음
박정식 감역 / 김소라 번역
190쪽 / 14,500원

만화로 쉽게 배우는 **측량학**

쿠리하라 노리히코, 사토 야스오 지음
임진근 감역 / 이종원 번역
188쪽 / 15,000원

만화로 쉽게 배우는 **양자역학**

이사카와 켄지 지음
가와바타 키요시 감수 / 이희천 번역
256쪽 / 18,000원

만화로 쉽게 배우는 **전기**

소노다 마사루 지음
주홍렬 감역 / 홍희정 번역
224쪽 / 18,000원

만화로 쉽게 배우는 **전기회로**

이이다 요시카즈 지음
손진근 감역 / 양나경 번역
240쪽 / 18,000원

만화로 쉽게 배우는 **전자회로**

다나카 켄이치 지음
손진근 감역 / 이도희 번역
184쪽 / 18,000원

만화로 쉽게 배우는 **전자기학**

엔도 마사모리 지음
신의호 감역 / 김소라 번역
264쪽 / 18,000원

만화로 쉽게 배우는 **발전·송배전**

후지타 고로 지음
오철균 감역 / 신미성 번역
232쪽 / 17,000원

만화로 쉽게 배우는 **전기설비**

이가라시 히로카즈 지음
이상경 감역 / 고운채 번역
200쪽 / 17,000원

만화로 쉽게 배우는 **시퀀스 제어**

후지타키 카즈히로 지음
김원회 감역 / 이도희 번역
212쪽 / 17,000원

만화로 쉽게 배우는 **모터**

모리모토 마사유키 지음
신미성 번역
200쪽 / 18,000원

만화로 쉽게 배우는 **디지털 회로**

아마노 히데하루 지음
신미성 번역
224쪽 / 17,000원

만화로 쉽게 배우는 **전지**

후지타키 카즈히로, 사토 유이치 지음
김광호 감역 / 김필호 번역
200쪽 / 18,000원

※정가는 변동될 수 있습니다.

만화로 쉽게 배우는 전기수학

원제: マンガでわかる 電気数学

2012. 10. 19. 1판 1쇄 발행
2014. 4. 25. 1판 2쇄 발행
2015. 9. 10. 1판 3쇄 발행
2017. 1. 25. 1판 4쇄 발행
2018. 1. 12. 1판 5쇄 발행
2019. 7. 12. 1판 6쇄 발행
2021. 8. 6. 1판 7쇄 발행
2025. 4. 2. 1판 8쇄 발행

저자 | 다나카 켄이치(田中 賢一)
그림 | 마츠시타 마이(松下 マイ)
감역 | 이태원
역자 | 김소라
제작 | Office sawa
펴낸이 | 이종춘
펴낸곳 | BM ㈜도서출판 **성안당**

주소 | 04032 서울시 마포구 양화로 127 첨단빌딩 3층(출판기획 R&D 센터)
     | 10881 경기도 파주시 문발로 112 파주 출판 문화도시(제작 및 물류)
전화 | 02) 3142-0036
     | 031) 950-6300
팩스 | 031) 955-0510
등록 | 1973. 2. 1. 제406-2005-000046호
출판사 홈페이지 | www.cyber.co.kr
ISBN | 978-89-315-7604-7 (17560)
정가 | 18,000원

이 책을 만든 사람들
전산편집 | 김인환
표지 디자인 | 박원석
홍보 | 김계향, 임진성, 김주승, 최정민
국제부 | 이선민, 조혜란
마케팅 | 구본철, 차정욱, 오영일, 나진호, 강호묵
마케팅 지원 | 장상범
제작 | 김유석

이 책은 Ohmsha와 BM ㈜도서출판 **성안당**의 저작권 협약에 의해 공동 출판된 서적으로, BM ㈜도서출판 **성안당** 발행인의 서면 동의 없이는 이 책의 어느 부분도 재제본하거나 재생 시스템을 사용한 복제, 보관, 전기적·기계적 복사, DTP의 도움, 녹음 또는 향후 개발될 어떠한 복제 매체를 통해서도 전용할 수 없습니다.

■ 도서 A/S 안내

성안당에서 발행하는 모든 도서는 저자와 출판사, 그리고 독자가 함께 만들어 나갑니다.
좋은 책을 펴내기 위해 많은 노력을 기울이고 있습니다. 혹시라도 내용상의 오류나 오탈자 등이 발견되면 **"좋은 책은 나라의 보배"**로서 우리 모두가 함께 만들어 간다는 마음으로 연락주시기 바랍니다. 수정 보완하여 더 나은 책이 되도록 최선을 다하겠습니다.
성안당은 늘 독자 여러분들의 소중한 의견을 기다리고 있습니다. 좋은 의견을 보내주시는 분께는 성안당 쇼핑몰의 포인트(3,000포인트)를 적립해 드립니다.
잘못 만들어진 책이나 부록 등이 파손된 경우에는 교환해 드립니다.